주거해부도감

SUMAI NO KAIBOUZUKAN

Copyright ⓒ 2009 by Susumu Masuda
All rights reserved.
Original Japanese edition published by X-Knowledge Co., Ltd. ,
Korean translation rights arranged with X-Knowledge Co., Ltd. ,
through Eric Yang Agency Co., Seoul.
Korean translation rights ⓒ 2012 by The Soup Publishing Co.

이 책의 한국어판 저작권은 EYA(Eric Yang Agency)를 통한
저작권자와의 독점 계약으로 도서출판 더숲에 있습니다. 저작권법에 의해
한국 내에서 보호를 받는 저작물이므로 무단전재와 복제를 금합니다.

집짓기의 철학을 담고 생각의 각도를 바꾸어주는 따뜻한 건축책

주거해부도감

마스다 스스무 지음 / 김준균 옮김

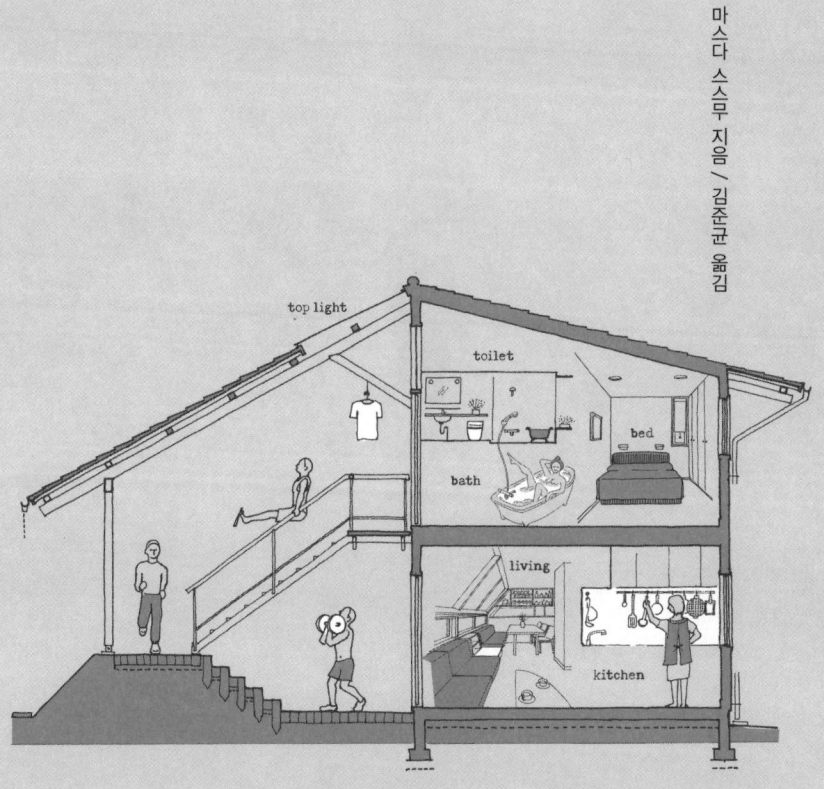

THE ANATOMICAL CHART OF HOMES

더숲

머·리·말

'머리말'에 앞서 '머리말의 머리말'을 잠시 소개할까 합니다.

원래 이 책은 주택 설계를 배우는 건축학과 학생들을 위해 기획한 책이었습니다. 100퍼센트라고 해도 좋을 만큼 거의 모든 학생들이 저지르는 설계상의 초보적인 실수를 열거한 뒤, 주의를 주는 '교통안전 가이드북' 같은 교과서를 만들려고 했습니다.

그러나 책을 만드는 중에 조금만 더 주택 설계의 근본에 대해 언급해주면 '설계 전문가로서 이제 막 실무를 시작하는 젊은이들에게도 도움이 되지 않을까?' 하는 생각이 들었고 고민 끝에 궤도를 수정하게 되었습니다.

그렇게 대대적으로 구성을 손질하다보니 이번에는 '앞으로 집을 지으려고 하는 일반인들도 이 정도의 지식은 알아두면 도움이 되지 않을까?' 하는 외람된 생각까지 하게 되었습니다. 그리하여 결국 지금 보는 것과 같은 '해부도감'이라는 형식으로 책이 나오게 되었습니다.

이 책은 다양한 위치에 있는 사람들에게 도움이 되게끔 구성한 책입니다. 그런 만큼 각자의 입장에서는 아쉬운 느낌이 드는 부분도 있을 것입니다. 그런 점은 너그러이 이해해주기 바라며 우선은 흥미가 있는 부분, 도움이 될 만한 부분부터 편하게 페이지를 넘기길 부탁드립니다. 아무쪼록 이 책이 많은 사람들에게 도움이 되었으면 좋겠습니다.

지금 주택 설계를 배우는 학생 여러분에게

미리 말씀드릴 것이 있습니다. 어쩌면 여러분은 이 책을 읽으면 주택 설계 방법을 이해할 수 있을 거라거나 설계를 잘할 수 있게 되리라는 달콤한 기대를 하고 있을지 모릅니다. 그러나 아쉽게도 이 책은 그러한 목적으로 쓰여지지 않았습니다. 설계 방법을 이해하고 설계를 잘하는 것이 목적이라면 이미 잘 알려져 있는 동서고금의 건축 관련 전문서적이나 주택을 설계하는 구체적인 방법을 설명하는 책들이 산더미처럼 많으니 그쪽을 추천하고 싶습니다.

이 책의 절반 이상은 극히 평범한 주택에 당연한 것처럼 만들어져 있는 공간과 장치에도 그 나름의 이유가 존재한다는 사실과 그렇게 되어온 과정을 설명하는 내용들로 이루어져 있습니다. 아주 평범한 일반적인 주택에도 여기저기 '그렇구나!' 하는 탄성이 절로 나오는 지식과 지혜가 숨어 있다는 사실을 여러분도 알아주었으면 합니다. 그리고 그러한 깨달음을 기반으로 지금 여러분이 살고 있는 곳, 익숙한 주택을 다시 한 번 살펴보자는 취지의 책입니다.

주택 설계뿐만 아니라 어떤 분야든 무엇인가를 배우기 위해서는 기본부터 시작해야 합니다. 야구를 예로 들자면 캐치볼, 테니스라면 스윙이 되겠지요. 물론 기본을 열심히 배운다고 해서 바로 실전에서 좋은 결과를 얻기는 어렵습니다. 그렇지만 기본이 되어 있지 않으면 응용할 수 없는 것 또한 사실입니다. 캐치볼도 안 해본 사람이 갑자기 낙차가 큰 커브를 던질 수는 없는 일입니다.

이 책에서 줄곧 이야기하고 있는 '평범함'의 역사를 거슬러 올라가다보면, 여러분은 새로운 발상을 할 수 있을 것입니다. 이 책이 싱그러운 발상력을 위한 점프대가 되기를 기원합니다.

최근 주택 설계와 관련된 실무를 시작한 사람들에게

혹시 지금 직면하고 있는 업무상의 문제를 풀기 위해 이 책을 고르셨나요? 속시원한 해결책이라든가 훌륭한 아이디어를 얻기 위해 이 책을 들었다면, 안타깝게도 이 책은 여러분의 기대를 충족시키지 못할 수도 있습니다. 그런 목적이라면 주택의 장소별로 어떻게 건축했는지 용례를 모아놓은 책이나 유명한 건축가가 자신의 건축물을 세세한 부분까지 소개한 책을 추천하고 싶습니다.

오히려 이 책은 설계에 너무 열중한 나머지 막다른 길에 들어서거나 문제를 복잡하게 만들어 혼란스러워하는 사람에게 일단 기본으로 돌아갈 것을 권하는 책입니다. 먼저 출발 지점에 서서 다시 한 번 목표하는 공간과 장치의 의미를 되짚어보라는 제안인 셈입니다.

특히 주택은 그 목적과 용도가 매우 다양하기 때문에 수많은 요소들의 우선순위를 정하기가 어렵습니다. 어쩔 수 없이 설계는 복잡해지게 되고 문득 정신을 차려보면 원래 있었던 문제를 해결하기는커녕 앞에 놓인 설계도면만 여기저기 땜질하다 누더기로 만드는 경우가 다반사입니다. 아무리 경험이 풍부한 베테랑 설계사라 할지라도 이런 일이 없을 거라고 장담할 수는 없습니다. 다만 베테랑에게는 그만이 갖고 있는 위기관리 능력이 있습니다. 지금 가고 있는 길이 자신이 가야 할 길이 맞는지 그렇지 않은지, 혹은 얼마만큼이나 원래 길에서 벗어나 있는지를 본능적으로 깨닫고 그때그때 컴퍼스를 꺼내 즉시 궤도를 수정하는 능력이 있는 것입니다.

주택 설계뿐만 아니라 어떤 분야든 프로페셔널과 아마추어의 차이는 목적지에 도착하기까지 걸리는 시간의 차이로 나타납니다. 이러한 차이는 걸음이 얼마나 빠른가가 아니라 얼마나 적절한 길(프로세스)을 선택했는가에서 비롯됩니다. 적절하다고 생각되는 루트를 얼마나 낭비 없이 갈 수 있는가가 중요한데, 이때 베테랑이 손에 들고 있는 컴퍼스는 특별히 좋은 물건이 아닙니다. 극히 평범한 도구를 당연한 방법으로 사용하고 있을 뿐입니다.

건축의 모든 장르 중 특히 주택은 역사도 숫자도 엄청난 양을 자랑하는 건축 형식입니다. 주택에는 선인들이 시행착오를 겪으면서 축적한 정석이 있습니다. 이러한 정석은 쉽게 무시할 수 없습니다. 흔히 볼 수 있는 물건이나 형태에도 '흔히 볼 수 있는 이유'가 있습니다. 그것을 알고 활용할 수 있는 설계자만이 자신의 컴퍼스를 이용해 정확하게 길을 찾아갈 수 있는 사람이 되는 것입니다.

이 책의 대부분은 그러한 정석이 '왜 그렇게 되었는가'를 저 나름대로 해석한 것들입니다. 주택을 설계하는 실무에 종사하는 사람이라면 바로 이해할 수 있거나 이미 알고 있는 것들이 대부분일 것입니다.

그러나 그렇다고 여기에 만족해서는 안 됩니다. 정석에 안주하고만 있어서는 훌륭한 설계자라고 할 수 없습니다. 근본으로 되돌아가 다시 한 번 생각해봄으로써 새로운 문제해결의 돌파구를 찾아야 합니다. 예를 들면 지붕에는 구배(기준면에 대한 경사)가 있으므로 어느 정도 처마가 튀어나오게 됩니다. 이 정석이 의미하는 바를 정확하게 이해하고 있어야만, 완만한 구배에 처마가 없는 지붕을 정확한 근거에 따라 설계할 수 있습니다.

그렇게 돌파구를 찾기 위한 참고서라는 의미에서, 이 책은 최종적인 하나의 목표 지점을 알려주지는 않지만 많은 출발 지점을 제시하는 가이드북인 셈입니다.

앞으로 자신의 집을 지으려고 생각하는 독자 여러분에게

만약 여러분에게 멀지 않은 장래에 자신의 집을 짓겠다는 계획이 있거나 혹은 현재 그 계획을 실천하는 중이라면 축하드립니다. 꿈에 그리던 내집마련이 멀지 않았습니다.

아마도 지금 여러분은 설계사무소나 건축회사의 담당자와 새로 지을 집에 대한 상담이나 협의를 거듭하고 있을 것입니다. 일단 조언을 한마디 하겠습니다. 여러분이 살 집을 설계하는 것은 설계자만이 아닙니다. 여러분 자신도 적극적으로 설계에 참여할 필요가 있습니다. 아니, 반드시 참여해야 합니다. 여러분이 새로운 집에 기대하는 사항들이 바로 설계의 출발점이며 도착점이기 때문입니다. 그러므로 건축주에게는 설계자에게 기대사항을 전달하는 일뿐만 아니라 그것을 실현하는 데 있어 방해가 되는 문제점을 설계자와 함께 해결해야만 하는 권리와 의무가 있는 것입니다.

  그렇다고 해도 한 채의 주택을 준공시키기까지는 해결해야 할 요소가 너무나 많습니다. 게다가 그 요소의 우선순위 역시 간단히 정하기 어렵습니다. 가능하다면 원하는 모든 것들을 포함시키고 싶겠지만 시간과 공간과 재정 상태가 그것을 허락지 않을 것입니다. 그럴 때 필요한 것이 다른 것을 'CUT' 하고 중요한 것만을 'GET' 하는 판단력과 결단력입니다. 최종적으로 그런 판단력과 결단력은 건축주인 여러분의 몫입니다.

  둘 중 하나를 선택하는 결단을 내려야 할 때는 얻는 것과 잃는 것을 앞에 두고 양자를 꼼꼼히 살피지 않으면 안 됩니다. 전문적인 일은 설계자에게 맡긴다고 하더라도 문제의 원인과 결과의 예측은 여러분과 설계자가 공유해야 합니다. 이 책은 그러한 CUT&GET 상황에 마주쳤을 때, 무엇인가 판단을 내릴 수 있는 기준으로 삼을 수 있는 힌트를 제공하는 참고서라 할 수 있습니다.

  이 책을 통해 주택 설계의 프로세스와 설계자가 느끼는 갈등을 조금이나마 이해할 수 있게 된다면 좋겠습니다. 그리고 그런 여러분에게 이 책은 반드시 도움이 될 것입니다.

차·례

5　머리말

1장
기분 좋은 집에는 이유가 있다

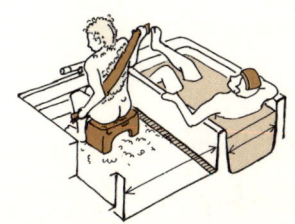

16　**집을 짓는다는 것**　주택을 설계하는 일은 도시락을 싸는 일과 닮았다
20　**포치**　현관문을 열기 전에 마음의 여유를 갖는 곳
24　**현관**　입구에서 신발을 벗는 것은 무슨 이유일까
28　**계단**　방이 좁은 것은 계단 연출에 실패했기 때문인지도 모른다
34　**문**　사람은 편하게 이동하고 싶어한다. 문은 그런 사람의 마음을 따른다
38　**거실**　모든 가족이 '둘러앉는 방'
42　**다이닝룸**　식탁은 보이는 것보다 훨씬 크다
46　**부엌**　설계 전문가라 할지라도 주방기기 배치는 쉽지 않다
50　**부엌+다이닝룸(평면)**　냉장고는 팔방미인. 누구에게나 사랑받고 가깝게 지낸다
54　**부엌+다이닝룸(단면)**　완벽한 아일랜드형 부엌을 이루기란 쉽지 않다
58　**침실**　침대 놓는 위치를 잘못 잡으면 한밤중에 다이빙을 할 수도 있다
62　**수납**　물건은 살아 있다. 돌아다니길 좋아하고 또 야행성이다
68　**column 1**　가족의 타임 테이블에 유연하게 대응하는 집짓기
70　**화장실**　손을 씻는 일은 화장실에서
74　**욕실**　욕조에 몸을 담글 것인가, 말 것인가
78　**세면실과 세탁기**　세탁기를 놓을 장소가 정해지지 않으면 세면실도 꾸밀 수 없다
82　**급수·급탕·배수**　집은 끊임없이 물이 통과하는 곳이다
88　**column 2**　평범함에서 시작하라

2장
상자의 모양에는 의미가 있다

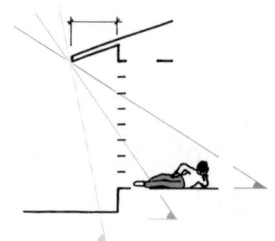

- 92 **지붕과 처마** 비가 오는 날은 우산을 든 것처럼, 비옷을 입은 것처럼
- 98 **처마 밑** 양산의 소중함을 아는 사람은 귀부인만이 아니다
- 104 **차양** 창문 위에는 어떤 모자를 씌울까
- 108 **벽과 구멍 만들기** 벽에 구멍을 낼 것인가, 구멍을 벽으로 막을 것인가
- 112 **창문과 출입문** 건물의 구멍들은 왜 필요할까
- 118 **단열과 통기** 가야 할 것인가, 멈추어야 할 것인가. 공기는 항상 망설인다
- 124 **통풍** 촌스럽게 에어컨으로 풍경을 울릴 셈인가
- 128 **소리** 흡수하거나, 차단하거나, 울리게 하거나
- 132 **column 3**___ 콘셉트란 전체가 완성된 후에야 비로소 나타나는 것이다
- 134 **대지와 도로** 대지는 도로에 매달려 있다
- 138 **대지의 방위** 대지의 방향은 도로가 결정한다
- 142 **건물의 배치** '루빈의 항아리'에 있는 두 사람
- 148 **주차 공간** 자동차는 보이는 것보다 넓은 자리를 차지한다
- 152 **column 4**___ 평범한 미닫이는 안 되는 건가

3장
사람과 마찬가지로
치수에도 습관이 있다

156 **동선** 나무에서 매번 내려오지 않아도 양손을 사용하면 가지를 타고 건널 수 있다

162 **column 5___ 평면의 토폴로지**

164 **공간의 공유와 전유(프라이버시)** 당신, 가족, 많은 수의 당신

170 **설비기기의 공유와 전유** 내 것은 내 것, 모두의 것도 내 것

174 **척과 평** 왜 아직 척관법이 끈질기게 살아남아 있을까

180 **그리드와 모듈** 퍼즐의 규칙은 간단할수록 좋다

184 **기준선과 벽의 두께** 벽이 두껍지 않은 집은 서지 못한다

188 **주택의 단면** 빵이 없는 햄버거는 맛이 없다

192 **column 6___ 무목적이라는 목적도 있다**

195 **맺음말**

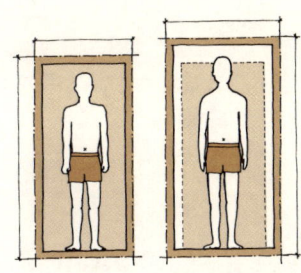

※**일러두기**
1) 본문 중 주택 설계도에 표시된 영어 약자의 의미는 다음과 같습니다.
    B 침실 MB 안방 L 거실 D 다이닝룸 K 부엌 LD 리빙다이닝룸 cl 수납장
    u 다용도실(가사실) E 현관 p 파우더룸 t 화장실 b 욕실 wic 워크인 클로짓 l 세면실
2) 건축 관련 법령 등 일부 내용은 국내 상황과 일치하지 않을 수 있습니다.

🏠 **CHAPTER 1**
주거해부도감

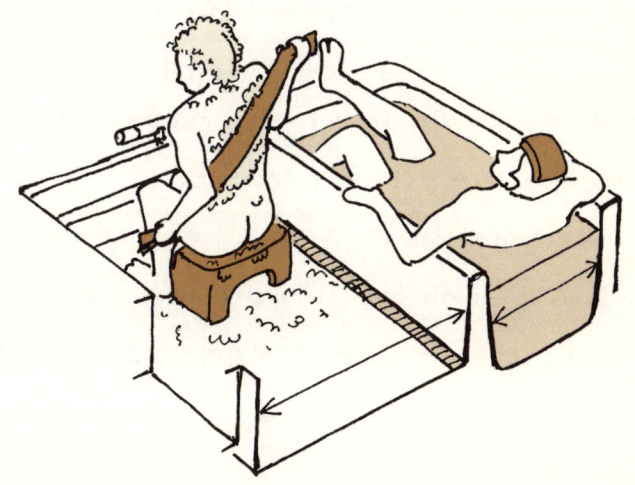

기분 좋은 집에는
이유가 있다

집을 짓는다는 것은
– 주택을 설계하는 일은 도시락을 싸는 일과 닮았다

"주택을 설계하는 일은 어떤 일인가요?"라는 질문을 받았을 때 "그건 말이죠……." 하고 기다렸다는 듯이 술술 대답하는 사람은 100퍼센트 '수상한 사람'이라는 의견에 동의합니다. 똑같은 건축물이라 해도 주택만큼 그 목적을 가늠하기 어려운 분야는 없기 때문입니다.

예를 들어 도서관은 '책을 빌려주고 빌리는 곳'이고 레스토랑은 '요리를 만들고 먹는 곳'이라는 건물의 목적이 분명합니다. 그렇지만 주택의 목적은 한마디로 단정하기 어렵습니다. '사람이 생활하는 곳'이기는 하지만, 생활이라는 목적 속에는 먹고, 자고, TV를 보는 등 수없이 많은 목적이 중첩되어 있습니다.

그렇다면 일단 '제품 생산'이라는 관점에서 주택을 살펴보겠습니다. 주택 설계를 물건을 만드는 일로 본다면 이런 비유를 들 수 있을 것 같습니다. "주택 설계란 맛있는 도시락을 싸는 일과 닮았다."

[도시락통과 주택]

도시락통과 주택은 그 모습이 꽤나 비슷합니다.
여러 종류가 있지만 어떤 도시락통으로 할지는 여러분의 자유입니다.

[도시락통과 주택의 공간 활용]

도시락통 내부의 모습 역시 주택과 비슷합니다. 특히 공간을 활용하는 점에서 그렇습니다. 여기에도 여러 가지 방식이 있지만, 어느 방식을 선택할 것인지는 여러분의 자유입니다.

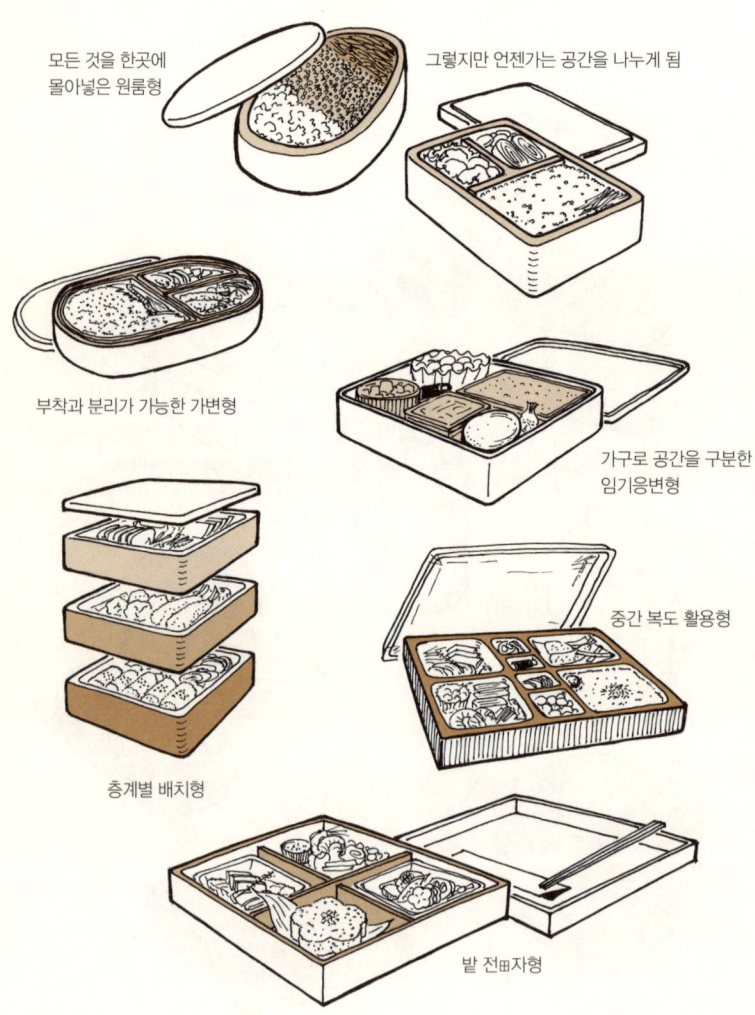

[도시락의 맛과 주택의 맛]

아무리 작은 집이라도 내부까지 똑같은 집은 없습니다. 도시락에 여러 종류가 있는 것처럼 주택 역시 무한한 맛을 낼 수 있습니다.

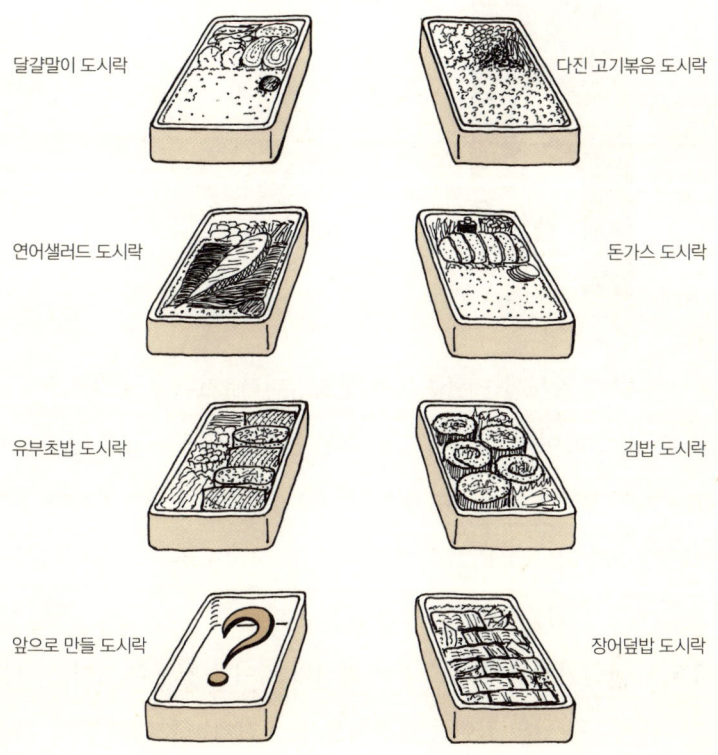

달걀말이 도시락
다진 고기볶음 도시락
연어샐러드 도시락
돈가스 도시락
유부초밥 도시락
김밥 도시락
앞으로 만들 도시락
장어덮밥 도시락

단, 손에 넣을 수 있는 도시락은 오직 하나입니다. 다양한 종류가 있으면 아무래도 이것저것에 눈길이 가게 되지만, 도시락도 주택도 최종적으로는 하나만 결정해야 합니다.

그런 까닭에,
주택 설계란 이 세상에 하나밖에 없는 주택의 완성을 목표로 합니다. 최고의 하나를 얻기(GET) 위해서 그 외의 모든 것을 잘라내는(CUT) 결단도 필요합니다.

포치
– 현관문을 열기 전에 마음의 여유를 갖는 곳

비행기가 날기 위해서는 활주로가 필요합니다. 기나긴 활주로에서 조금씩 속도를 높이다 마침내 날아오릅니다. 콘서트장에는 로비와 푸아이에 Foyer(극장 관계자를 위한 집회실 혹은 막간을 위한 휴게용 공간)가 필요합니다. 친구를 기다리는 장소가 되는 것은 물론이고 이제 곧 시작될 즐거움에 대비해 조금씩 기분을 고양시키는 공간으로서 큰 역할을 합니다.

주택 역시 마찬가지입니다. 그것이 자신의 집이든 친구의 집이든 처음 방문하는 거래처 사장님의 집이든 현관문을 열기 전에는 약간의 '여유'가 필요합니다. '큰길에서 바로 현관'으로 들어서면 마음의 준비를 할 수 없습니다. 이를 위한 공간이 바로 포치porch입니다. 비가 오는 날에는 우산을 펴거나 접을 때 포치의 고마움을 느낄 수 있습니다.

만찬 전에는 식전주를 들고 식후에는 커피를 마시는 것처럼 주택에도 기분을 전환시키는 무엇인가가 필요합니다.

[밖으로 나와 있어도 안으로 끌어들여도 OK]

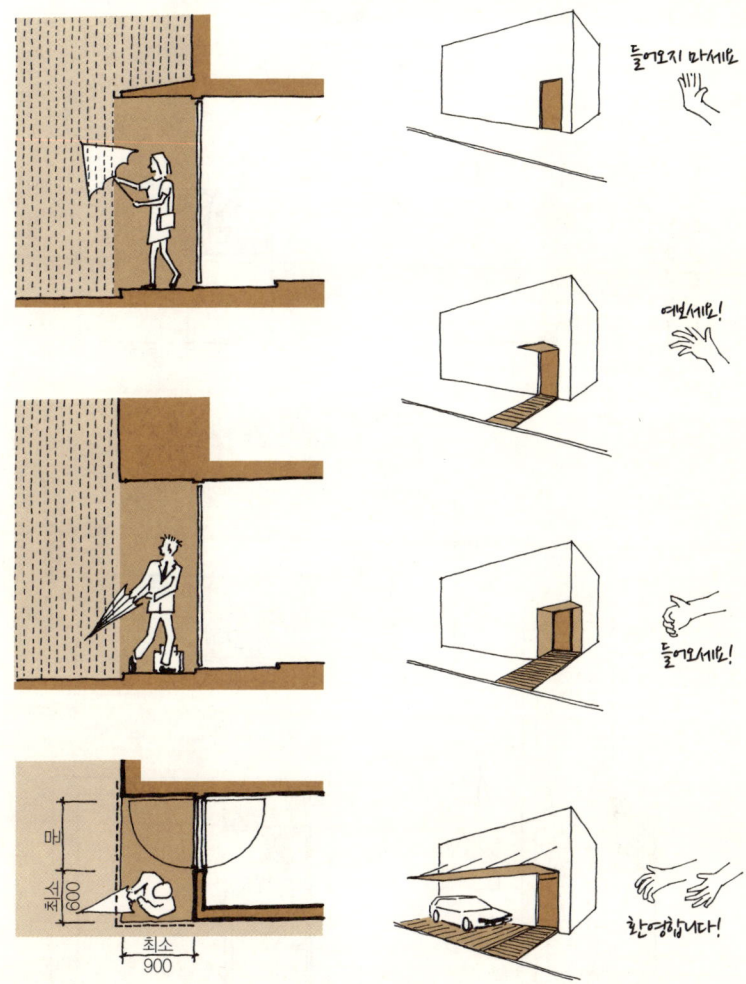

900mm만 있으면 비가 와도 안심
포치에는 안길이가 필수. 우산을 펴려면 적어도 900mm가 필요합니다. 현관문이 바깥으로 열리는 경우는 문 옆으로 600mm 정도의 폭이 있으면 한층 편리하게 사용할 수 있습니다.

밖으로 나와 있어도 안으로 끌어들여도 OK
포치는 바깥쪽에 차양만 설치해도 그 역할을 충분히 합니다. 반대로 현관문을 통째로 집 안쪽으로 끌어들여도 좋습니다. 다양한 아이디어로 포치를 꾸미면 현관 앞 표정이 더욱 풍부해집니다.

[다양한 포치의 종류]

지붕을 넓혀 포치를 만드는 방법
남쪽과 북쪽에 각각 설치된 현관과
그 옆에 위치한 차고를 지붕으로 덮으면
자연적으로 포치가 만들어집니다.

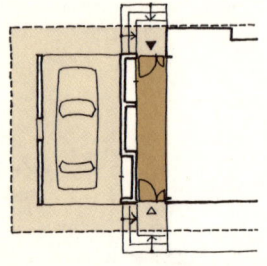

겸용도 가능
도로에 접한 삼각형 포치를 통해
현관과 창고 양쪽 모두
들어갈 수 있습니다.

차고와 현관을 연결
차고와 현관을 슬로프로 연결하고
그 위를 차양으로 덮습니다.
차고에서 뒷문으로 직접 들어갈 수도 있습니다.

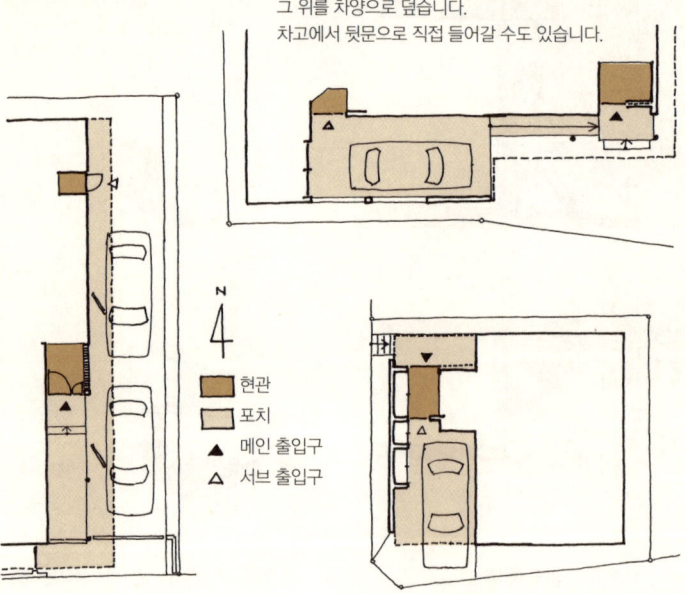

자동차 탑승에도 도움
자동차 측면이 처마 밑에 위치할 수만 있어도
비가 오는 날 차를 타고 내리기 편리합니다.

포치가 꼭 하나일 필요는 없음
남쪽과 북쪽 두 개의 포치에서
하나의 현관으로 들어갈 수도 있습니다.

[필로티는 최고의 포치]

외부인 동시에 실내가 되는 필로티
1층에는 기둥만 있고 건물 전체가 공중에 떠 있는 듯한 건축물의 1층 공간을 '필로티pilotis'라고 합니다. 필로티가 있으면 사람과 자동차가 들어올 수 있을 뿐 아니라 외부인 동시에 실내 같은 분위기가 연출되는 매력적인 공간이 만들어집니다.

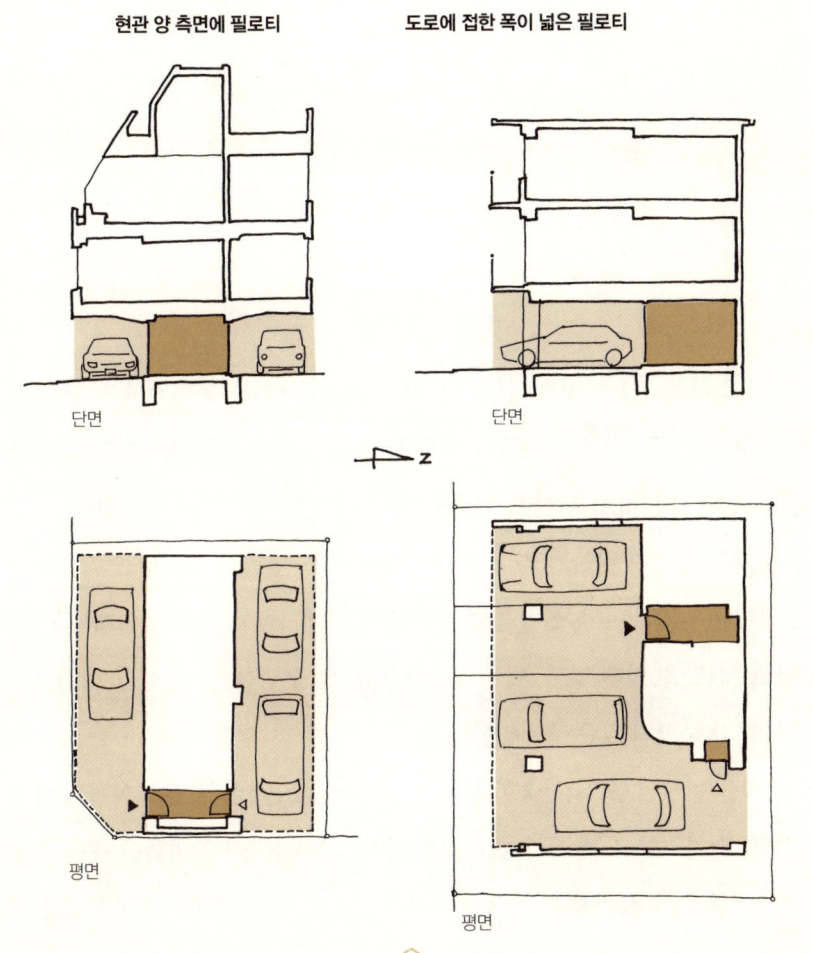

그런 까닭에,
포치는 비가 오는 날만 중요한 것이 아니라 기분을 전환하는 데에도 도움이 됩니다.

현관
― 입구에서 신발을 벗는 것은 무슨 이유일까

갑작스러운 질문이지만, 전통 여관과 호텔의 차이는 무엇일까요? 전통식과 서양식이라는 건축 양식부터 시작해, 이불과 침대, 공동 목욕탕과 개인용 욕조 등 수많은 차이를 꼽을 수 있습니다. 그중에서도 결정적인 차이는 '신발을 벗는가 벗지 않는가'라고 생각합니다. 이는 현관을 설계하는 작업에서 큰 차이를 가져옵니다. 신발을 벗는 민족의 설계자에게 현관의 설계는 '어떤 식으로 신발을 벗게 할까, 벗은 신발은 어디에 수납할까' 등 상상 이상으로 풀어야 할 문제가 많은 세계입니다.

신발을 벗으면 좀 더 친숙한 분위기가 되는 것도 사실입니다. 여관의 방바닥에서 술자리를 갖는 것과 호텔 홀에서 열리는 파티에 참석했을 때를 비교하면, 여관 쪽이 훨씬 빨리 마음을 터놓을 수 있을 것 같지 않나요? 신발을 벗는 장소인 현관은 같이 사는 사람들의 관계를 보다 친밀하게 만드는 장치인지도 모르겠습니다.

[신발을 벗는 선이 곧 마음을 놓는 선]

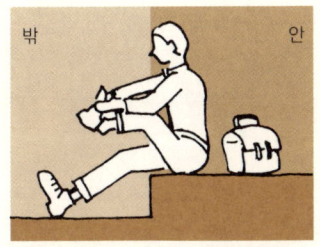

집이라는 감각, 밖이라는 감각

일본의 경우를 예로 들어보면, 전통 여관에서 목욕 가운을 입은 숙박객들이 슬리퍼를 신고 돌아다니는 모습을 볼 수 있습니다. 하지만 이런 차림으로 호텔 안을 돌아다닌다면 이상한 눈으로 쳐다보거나 경우에 따라서는 비난을 들을 수도 있습니다. 전통 여관은 건물 전체가 집과 같은 느낌이고 호텔은 객실 이외는 모두 길거리인 셈입니다.

마음가짐을 바꾸는 장소

우리는 외출할 때 현관에서 신발을 신으면서 무의식중에 밖에서 해야 할 일에 대해 새롭게 각오를 다집니다.
반대로 자택이든 방문한 곳이든 신발을 벗게 되면 확실히 마음이 편해집니다.

물론 반드시 현관에서 신발을 벗을 필요는 없습니다. 서양의 주택에서는 자신의 방에 들어가서야 비로소 신발을 벗습니다. 그러므로 이런 스타일의 주택도 괜찮을 것입니다. 중요한 것은 주택의 어디까지를 '길거리'로 생각하는가 하는 것입니다.

[선의 형태에는 의미가 있다]

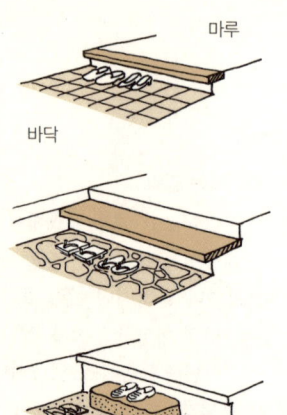

마루
바닥

현관과 마루의 경계
마루 끝에 가로 대어 현관 바닥과 마루의 경계선을 이루는 나무 또는 판자를 흔히 마룻귀틀이라고 합니다.

낮은 마루
마룻귀틀의 폭이 300mm 정도 되거나 혹은 그 이상 되는 경우는 보통 낮은 마루라고 합니다. 일반적으로 마룻바닥보다 조금 낮게 만듭니다.

디딤돌
현관 바닥과 마룻귀틀의 높낮이 차가 큰 경우는 디딤돌을 놓고 그 위에 신발을 벗습니다.

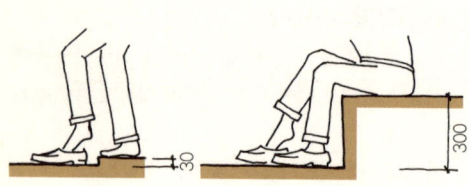

높낮이 차이가 있어도 OK
집 안으로 쉽게 들어갈 수 있도록 바닥과 마룻귀틀의 높낮이 차를 적게 하는 경우는 30mm 정도만 되어도 충분합니다. 반대로 마룻귀틀에 앉아 편하게 신발을 신고 싶으면 300mm로 해도 괜찮습니다. 어느 쪽이 더 좋은가 하는 문제가 아니라 어느 쪽으로 하고 싶은가 하는 문제인 것입니다. 300mm로 해도 실제 장애인이나 노령자에게 별 문제가 되지 않습니다.

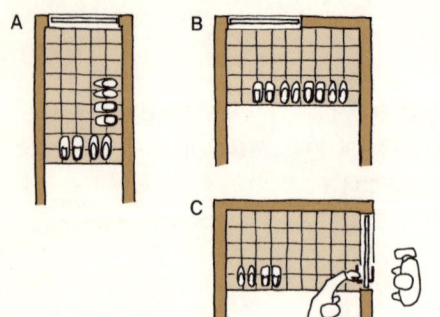

현관 바닥의 형태와 위치
왼쪽 3종류의 현관 바닥은 모두 넓이가 같습니다.
A는 안쪽까지 길이가 긴 형태,
B는 마룻귀틀 쪽 면이 긴 형태이고,
C는 B와 현관 문의 위치가 다릅니다.
저는 A보다는 B를 선호합니다. 마루를 접한 면의 폭이 넓어지면 공간적으로도 기분이 좋으며, 신발도 옆으로 나란히 예쁘게 정리할 수 있습니다. 또 가능하면 B보다 C가 좋습니다. 마루에서 현관문 손잡이를 직접 잡을 수 있기 때문에 바닥에 내려가지 않아도 문을 열 수 있기 때문입니다.

[현관 바닥에 놓을 비품, 마루에 놓을 비품]

전신거울은 현관 바닥 쪽에
우산꽂이, 코트걸이, 필기구 등 현관에는 몇 가지 놓아두고 싶은 물건이 있습니다. 그 가운데 특히 신경을 써야 할 것이 전신거울입니다. 특히 여성은 구두까지 신은 뒤의 모습을 보고 싶어하지요.
전신거울은 현관 바닥 쪽에 두도록 합니다.

신발 수납장을 놓는 장소
그럼 신발장이나 구두보관함 등은 어디에 놓는 것이 좋을까요?

신발장

구두보관함

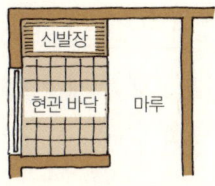

현관 바닥파
신발은 흙이 묻어 더러워지기 쉬우므로 신발장을 현관 바닥에 두면 마루는 더러워지지 않을 것처럼 생각됩니다. 그러나 이런 경우는 바닥에 한 걸음 내려가지 않으면 신발을 꺼낼 수가 없습니다.

마루파
그런 까닭에 신발장은 마루 위에 두어야 한다고 주장하는 반대파가 나오게 됩니다. 양쪽 모두 일리가 있습니다.

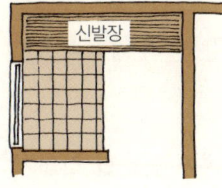

양다리파
저는 굳이 말하면, '마루파'이지만 현관 공간에 여유가 있으면 양쪽에 걸치도록 설치하는 것이 좋다고 생각합니다.

그런 까닭에,
현관을 설계할 때는 신발을 벗는 행동에 대한 의미를 이해하고 그것을 어떤 형식으로 정리할지 생각하지 않으면 안 됩니다.

계단
— 방이 좁은 것은 계단 연출에 실패했기 때문인지도 모른다

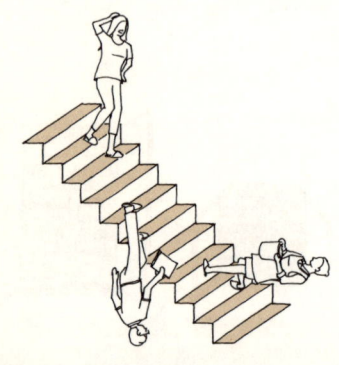

　재능이 풍부한 영화감독은 계단이라는 무대장치를 적절히 사용하여 인상적인 장면을 연출합니다. 오래된 영화를 예로 들자면 〈전함 포템킨〉에서 오뎃사의 계단 장면이라든지, 오드리 헵번의 모습이 무척 귀엽게 묘사된 〈로마의 휴일〉에서의 스페인 계단, 〈가마타 행진곡〉에서 긴과 야스가 계단에서 떨어지는 장면 등도 인상 깊은 명장면입니다.

　주택에서도 설계를 잘하는 사람일수록 계단의 연출이 뛰어납니다. 잘만 연출하면 쓸데없이 면적만 잡아먹는 공간으로 취급받던 계단이 그 집을 가장 돋보이게 하는 당당한 주역으로 부상합니다. 어떤 계단을 어디에 설치하는가에 따라 그 집의 느낌이 엄청나게 달라집니다. 때로는 방의 넓이에까지 영향을 주기도 합니다.

　사용하기에 따라 불멸의 명연기를 보여주는 계단. 어떻게 연출할 것인지는 감독인 여러분에게 달려 있습니다.

[계단의 본질은 위층의 바닥]

계단은 올라가기 위한 것?
계단이라고 하면 위층으로 '올라가기 위한 수단'이라는 이미지가 강합니다. 그런 까닭에 아래층 바닥을 떼어내어 들어올린 것이 계단이라는 생각을 하기 쉽지만……

계단은 내려가기 위한 것!
사실 계단은 '내려가기 위한 수단'이라고 생각하는 편이 좋습니다. 위층 바닥을 떼어내 계단으로 만들었다는 식으로 말입니다. 왜 그런가 하면……

통행불가
아래층 바닥이 계단이 되어서는 위층으로 올라갈 수 없습니다.

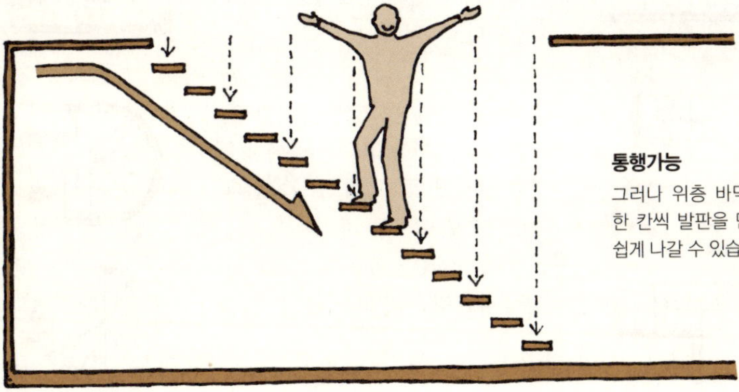

통행가능
그러나 위층 바닥을 떼어내어 한 칸씩 발판을 만들면 그대로 쉽게 나갈 수 있습니다.

[수직이동 = 수평이동]

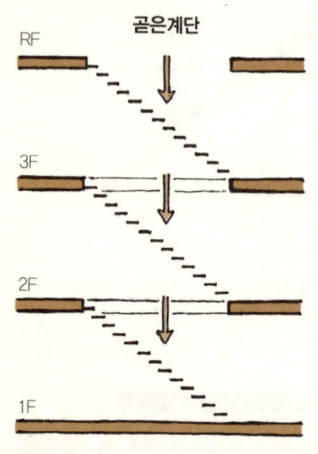

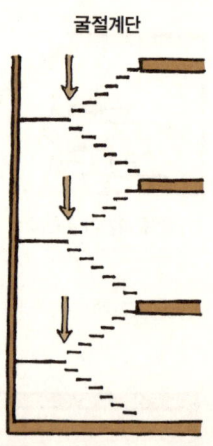

위층 바닥을 도미노가 쓰러지는 것처럼 차례차례 아래로 내리면……

그곳이 그대로 '계단실'이 됩니다.

계단은 수직으로 층층이 만들 수 있습니다.

곧은계단과 굴절계단

사람은 계단을 이용해 수직으로 이동하면서 동시에 수평으로도 이동합니다. 말하자면 한 칸 오를 때마다 수평으로도 한 걸음 이동하는 것이죠. 그 때문에 곧은계단 형식의 계단에서는 한 층계를 끝까지 올라가면 복도를 수평으로 이동해 출발한 지점 바로 위에서 다시 계단을 올라야만 합니다.

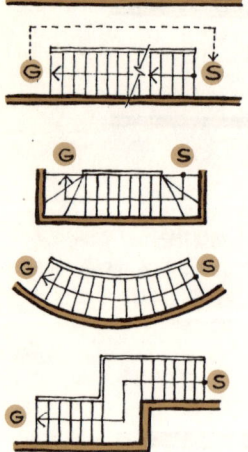

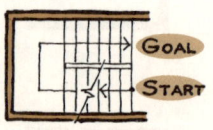

그러한 수고를 덜어주는 것이 굴절계단입니다. 올라가면서 U턴을 하므로 계단에서 많이 벗어날 필요가 없습니다.

형태적인 면에서 다양한 종류가 있지만 결국 계단은 두 가지 종류밖에 없습니다. 출발지점과 도착지점이 평면적으로 어긋난 계단과 어긋나 있지 않은 계단입니다. 이는 계단의 '습성'과도 같은 것입니다.

GOAL, **G** 도착지점   START, **S** 출발지점

[계단을 비웃는 자는 계단 때문에 울 것이니]

계단의 습성은 주택의 평면 설계에 큰 영향을 줍니다. 이번에는 방×3+화장실로 구성된 표준적인 2층 평면도를 예로 들어 그 영향을 살펴보겠습니다.

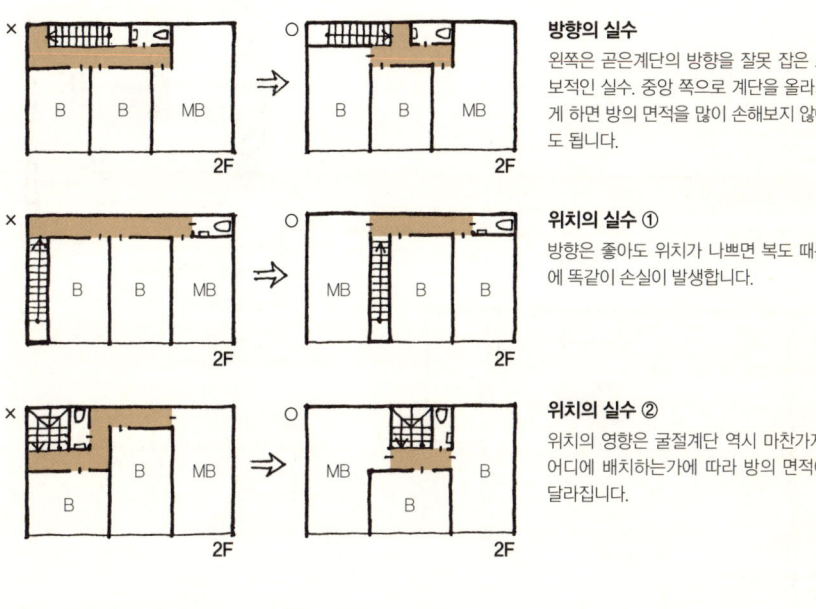

방향의 실수
왼쪽은 곧은계단의 방향을 잘못 잡은 초보적인 실수. 중앙 쪽으로 계단을 올라가게 하면 방의 면적을 많이 손해보지 않아도 됩니다.

위치의 실수 ①
방향은 좋아도 위치가 나쁘면 복도 때문에 똑같이 손실이 발생합니다.

위치의 실수 ②
위치의 영향은 굴절계단 역시 마찬가지. 어디에 배치하는가에 따라 방의 면적이 달라집니다.

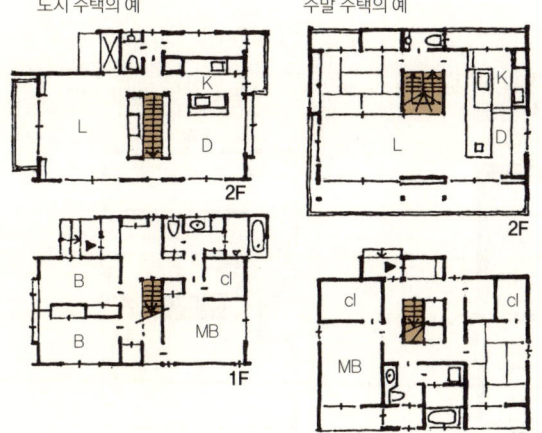

계단은 주택의 배꼽과 같은 것
이미 알아차렸을 거라 짐작하지만, 계단과 복도는 세트로 붙어 다닙니다.
계단은 주택의 '배꼽'이라고 생각하면 이해하기 쉬울지도 모르겠습니다.

[명작의 그늘에는 배꼽 같은 계단이 있다]

건축사상 명작이라 불리는 주택에 주목해보면 계단은 역시 평면도의 중심에 위치하고 있는 경우가 많습니다.

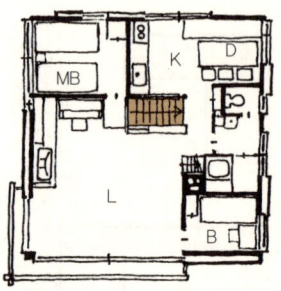

슈뢰더 저택(1924)
네덜란드 건축가이자 가구 디자이너 헤릿 리트벨트 Gerrit Thomas Rietveld.
창호만으로 공간이 구분된 원룸 공간.
2층 평면도(S=1:200)

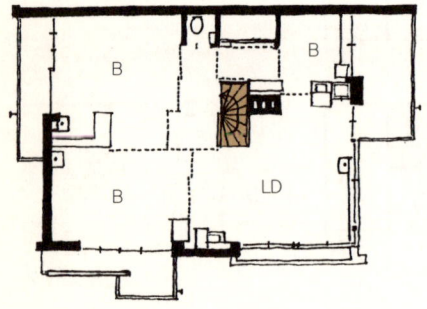

숲 속의 집(1962)
일본의 대표 건축가 요시무라 준조.
24척각의 작은 평면에 16척각이라는
큰 거실을 배치.
1981년 개축시의 2층 평면도
(S=1:200)
※1척각(尺角): 사방이 한자

리바 산 비탈레 주택(1973)
스위스 출신 건축계의 거장 마리오 보타 Mario Botta.
그의 초기 작품으로, 주변의 호수와
완벽한 조화를 이루는 건물을 완성함.

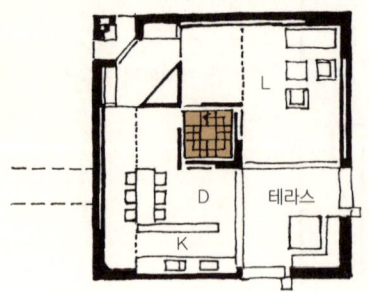

마거릿 에슈릭 저택(1961)
20세기 후반 세계 건축계를 뒤흔든
루이스 칸 Louis Isadore Kahn.
평면뿐만 아니라 단면과 입면도
계단을 중심으로 디자인되어 있음.

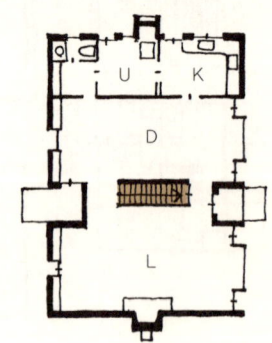

1층 평면도
(S=1:300)

[교차계단이라고 하는 특수한 예]

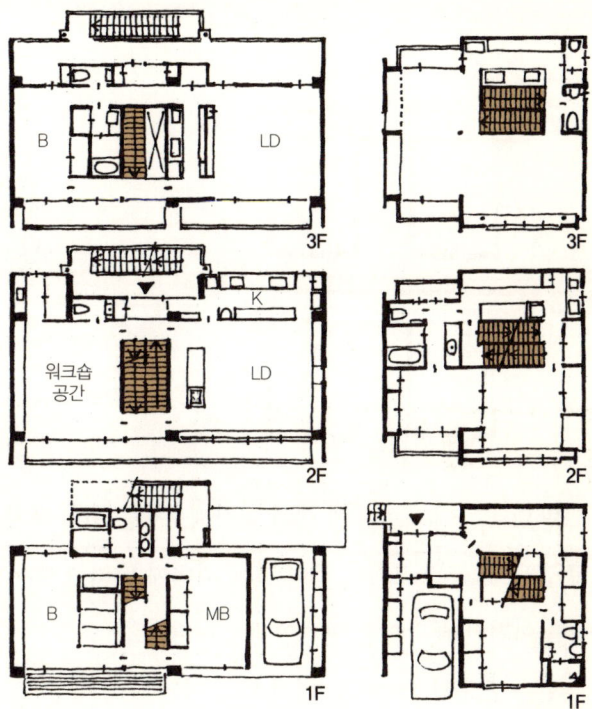

개성을 강점으로

특성이 강한 계단도 그 특징을 잘 살리면 의외의 묘수가 나옵니다. 그중 하나가 '교차계단'이라고 하는 기술입니다.

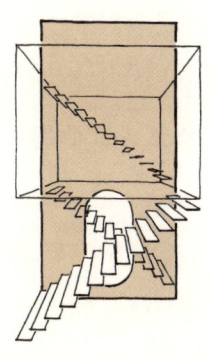

두 쌍의 곧은계단을 교차시키면 각 층마다 굴절계단이 생기게 되어 다음 계단으로 가는 통로가 필요 없게 됩니다(백화점 에스컬레이터가 이 형식입니다). 교차계단은 단면적으로 회유성을 가지고 있어 '이중나선 계단'과 마찬가지로 수직 이동 공간을 구성합니다.

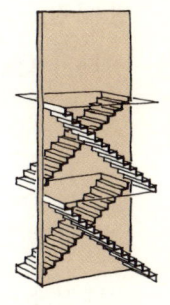

그런 까닭에,
계단을 설계할 때는 계단의 습성을 잘 파악해 공간이 낭비되지 않도록 주의해야 합니다.

문
— 사람은 편하게 이동하고 싶어한다. 문은 그런 사람의 마음을 따른다

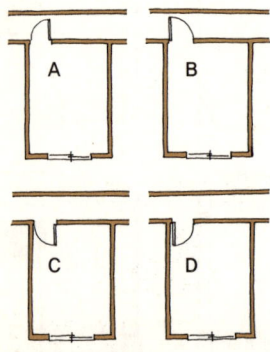

　방으로 들어가는 문에 대해 생각해보겠습니다. 위의 네 개의 방을 주목해주십시오. 같은 크기의 문이 같은 위치에 달려 있습니다. 문의 형태는 여닫이문이지만 각각 여는 방식이 다릅니다.

　같은 종류의 문이라도 네 종류의 여는 방식이 있다고 생각할 수도 있겠지만, 유감스럽게도 옳은 방식은 하나뿐입니다. 어떤 것이 올바른 것인지는 평소 여러분의 주위에 있는 문을 보면 금방 알 수 있을 것입니다. 하지만 종종 도면을 보면 의외로 틀리는 경우가 많습니다. 그럼 왜 이런 식으로 설계해야 하는지 그 이유를 다시 한 번 생각해보겠습니다.

　사실 '문 따위 아무려면 어때' 하고 생각하는 사람도 있을지 모릅니다. 그러나 문을 열고 닫는 사소한 행동에 대해서도 인간은 항상 스트레스 없이 마음 편하게 살고 싶은 것이 사실입니다.

[문의 방향은 신체의 동작에 맞춰 달 것]

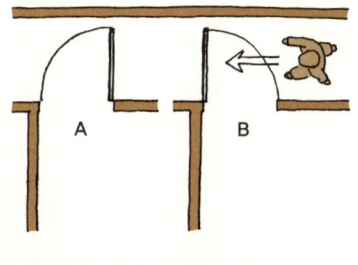

안쪽으로 열리는 것이 원칙

네 종류의 여는 방식 중 A와 B는 바깥쪽으로 열리는 구조입니다. 이것은 좋지 않습니다. 문을 열었을 때 통로에 누군가 지나가면 부딪칠 위험이 있기 때문입니다. 문은 기본적으로 안쪽으로 열리는 것이 원칙이라는 것을 알아두기 바랍니다.

그럼 C와 D 중 어느 쪽이 더 바람직할까요? 왠지 D라는 생각이 들지 않나요? 왜 그럴까요?

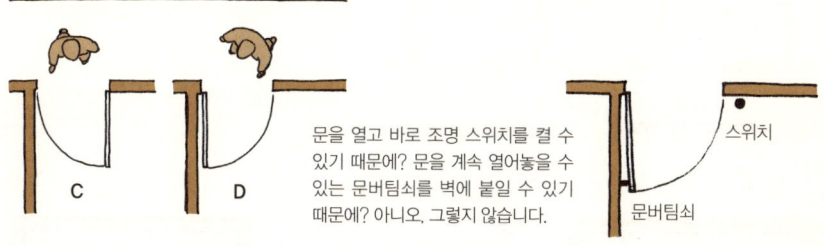

문을 열고 바로 조명 스위치를 켤 수 있기 때문에? 문을 계속 열어놓을 수 있는 문버팀쇠를 벽에 붙일 수 있기 때문에? 아니오, 그렇지 않습니다.

문은 인간의 움직임에 순순히 따를 필요가 있기 때문입니다.

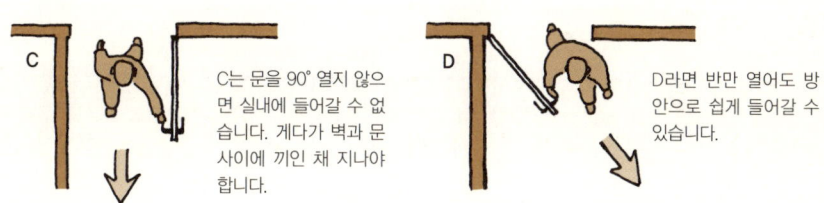

C는 문을 90° 열지 않으면 실내에 들어갈 수 없습니다. 게다가 벽과 문 사이에 끼인 채 지나야 합니다.

D라면 반만 열어도 방 안으로 쉽게 들어갈 수 있습니다.

사람의 아름다운 움직임

문을 열고 닫는 일뿐만 아니라 일어서고 앉는 등의 일상적인 동작에서도, 사람은 그야말로 아름다운 일련의 움직임을 보여줍니다. 그러므로 만약 여러분의 집에 C처럼 설치된 문이 있으면 무의식적으로 짜증스러웠을 것입니다. 문은 벽 쪽으로 열리도록 설치해주십시오.

[무조건 안쪽으로 열리면 좋은 것인가]

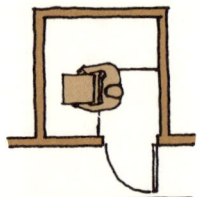

창고문

문은 안쪽으로 열리는 것이 원칙이지만, 몇 가지 예외가 있습니다. 예를 들면 창고문이 있습니다. 창고문이 안쪽으로 열리면 안에 있는 물건이 방해를 해서 문을 여닫기가 어렵습니다.
창고 안에 사람이 있는 경우는 아마도 문을 계속 열어놓을 것이므로 바깥쪽으로 열려도 괜찮습니다. 문이 두 짝인 접이문이나 미닫이문을 사용하면 무척 편리합니다.

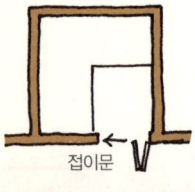
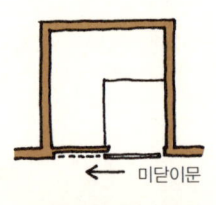

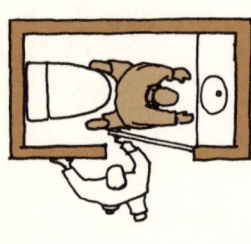

화장실문

안쪽으로 열 것인가 바깥쪽으로 열 것인가 하는 문제로 사람들의 입에 가장 자주 오르내리는 것이 화장실 문입니다. 만약 문 안쪽에 있는 사람이 움직일 수 없는 상황인 경우, 안쪽으로 열리면 안 됩니다. 문을 바깥쪽으로 열릴 수 있게 하거나 미닫이문을 설치하기도 합니다. 그러나 미닫이문은 방음 면에서 문제가 있기 때문에 주의해야 합니다.

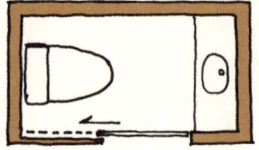

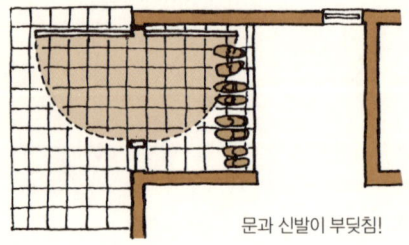

문과 신발이 부딪침!

현관문

손님을 맞이해야 한다는 관점에서 현관문은 안쪽으로 열리는 것이 이상적이지만, 어느 정도 현관 바닥이 넓지 않으면 문을 열 때 신발이 문에 걸리게 됩니다. 서양에서는 안쪽으로 열리는 것이 원칙인데, 그것은 현관에서 신발을 벗지 않는 나라이기 때문에 가능한 이야기입니다.

[열 수 있는 폭이 자유로운 미닫이문]

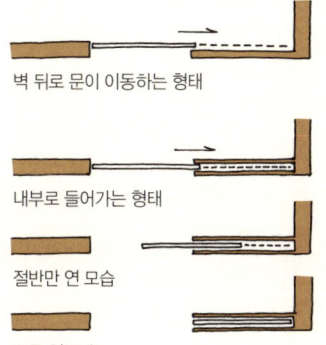

벽 뒤로 문이 이동하는 형태

내부로 들어가는 형태

절반만 연 모습

모두 연 모습

미닫이문은 따로 공간을 차지하지 않기 때문에 여닫이문과 비교해 걸리적거리지 않는 것이 장점입니다. 게다가 여는 정도를 자유롭게 조정할 수 있는 것도 큰 장점이라고 할 수 있습니다. 여닫이문은 열거나 닫거나 둘 중 하나만 골라야 하지만, 미닫이문의 경우는 바람이 지날 수 있도록 조금만 열어둘 수도 있습니다.

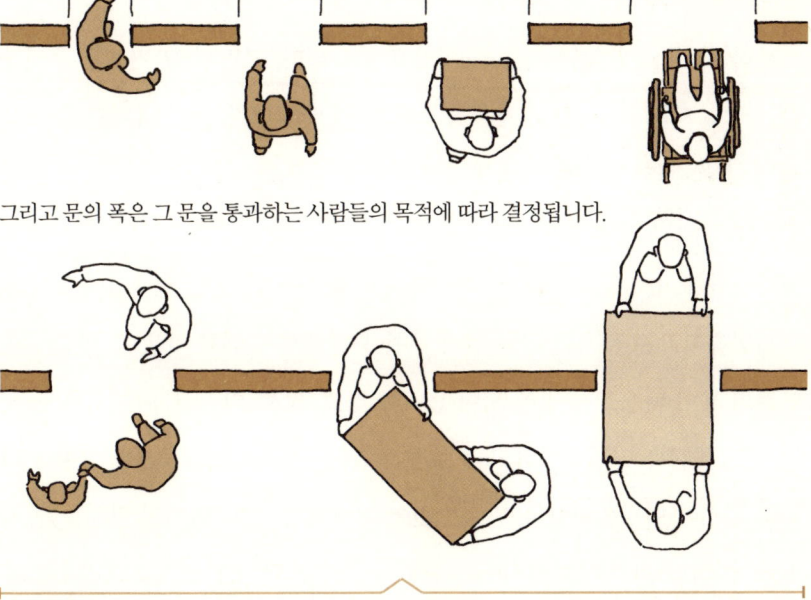

그리고 문의 폭은 그 문을 통과하는 사람들의 목적에 따라 결정됩니다.

그런 까닭에,
문을 설계할 때는 사람의 움직임과 목적을 염두에 두고, 항상 편리하게 사용할 수 있도록 주의해야 합니다.

37

거실
– 모든 가족이 '둘러앉는 방'

흔히 거실을 리빙룸living room이라고 부릅니다. 그런데 그 거실은 무엇을 하는 방일까요? 다시 한 번 생각해보면 잘 알 수가 없습니다. 가족이 모두 모이는 장소? 그렇지 않습니다. 요즘은 다이닝룸dining room에 그 역할을 빼앗기고 있습니다. 'living room'인 만큼 생활하는 방, 생활하기 위한 방이라고 생각할 수도 있지만, 그 역시 다이닝룸 쪽이 더 어울릴 것 같은 생각이 듭니다.

리빙룸이라는 말은 영국 서민의 생활 풍경에서 유래를 찾을 수 있습니다. 난로의 불이 타오르는 방에 모여 요리를 하고, 먹고, 마시고, 이야기를 한 것에서 그 공간을 리빙룸이라고 부르게 되었다고 합니다. 그렇지만 그런 곳이라면 역시 다이닝룸이라고 부르는 편이 더 어울릴 듯도 하지만 말입니다. 사전에서 '거실'을 찾아보면 'living room'이라고 되어 있고, 그 옆에 'sitting room'이라고 되어 있군요. 저는 그 두 번째 해석이 맞다고 생각합니다.

[거실 = Sitting Room]

원래 거실이란 어떤 용도의 방일까요? 거실에서 할 수밖에 없는 일은 어떤 것이 있을까요? 가족모임, 가족회의, 독서, 신문읽기, 편지쓰기……. 모두 다이닝룸에서도 할 수 있습니다.

앉아서 취하는 휴식

거실에서밖에 할 수 없는 일, 거실에서 하고 싶은 일, 그것은 아마 '앉는 일'일 것입니다.

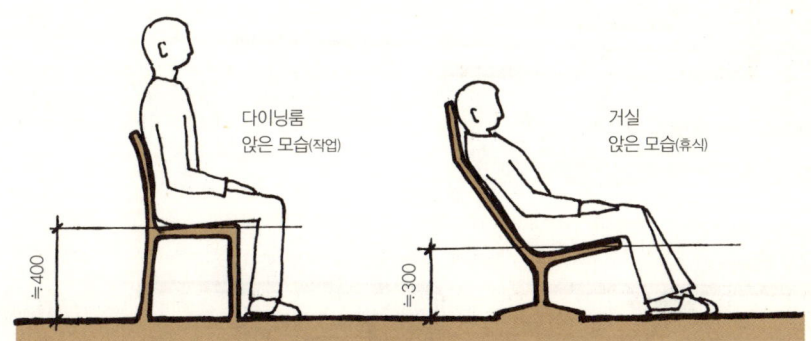

다이닝룸
앉은 모습(작업)
≒400

거실
앉은 모습(휴식)
≒300

우리가 흔히 거실이라고 부르는 방은 영국에서는 보통 'Sitting Room'이라고 합니다. 거실은 원래부터 앉기 위해 만들어진 방이었던 것이죠.

TV도 가족의 일원?

그런데 거실에 가장 오래 앉아 있는 이유는 아마 이 녀석 때문인지도 모릅니다. 현대인에게는 TV야말로 빼놓을 수 없는 가족 구성원이라고 생각합니다. 거실을 설계할 때는 TV 역시 가족의 일원으로 생각하는 편이 좋을 듯합니다.

[TV를 가족으로 포함하는 방법]

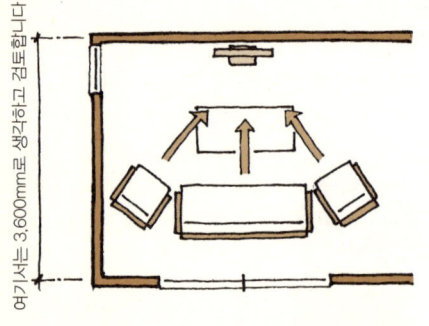

거실은 시어터룸이 아니다

거실의 레이아웃을 살펴보겠습니다. 소파 하나, 안락의자 둘, 그리고 가운데 테이블에 TV가 있다고 합시다. 아무리 TV가 좋아도 전원이 TV만 주목하는 레이아웃은 가족 간의 대화가 사라지게 합니다. 거실은 시어터룸이 아닙니다.

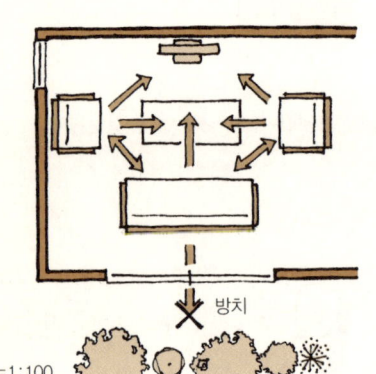

테이블을 중심으로 배치하는 경우

그런 까닭에 가운데 테이블을 중심으로 TV까지 포함한 '가족' 전원을 균등하게 배치해 보았습니다. 그러나 이래서는 아까운 정원이 쓸모가 없게 됩니다.

※ 거실의 폭에 대하여

일본의 대표 건축가 요시무라 준조는 항상 "거실은 5,460mm 이상은 되어야 한다. 적어도 4,550mm 이상은 필요하다."고 말했지만 주택의 규모가 크지 않는 한, 이것을 지키기는 쉽지 않습니다.

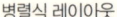

병렬식 레이아웃

L자형 레이아웃

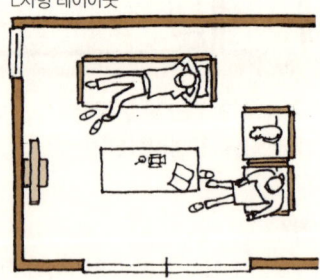

그런 까닭에 이런 레이아웃을 권하고 싶습니다.

[결론은 앉는 높이]

미야와키 마유미 씨의 가르침

건축가인 미야와키 마유미 씨가 남긴 많은 작품 중에서도 제가 가장 좋아하는 것은 '후나바시 박스'입니다. 계단에 위치한 통풍로를 중심으로 주위를 감싸는 식으로 된 2층의 평면 구성은 언제 보아도 멋집니다.

이 주택에는 2층 남쪽에 무척이나 긴 벤치가 있습니다. 이 벤치는 식탁 쪽 부분은 쿠션을 놓아 '다이닝 체어'로 쓰고 거실 쪽 부분은 반대로 쿠션을 낮게 해 '리빙룸 소파'로 사용하고 있습니다. 하나의 벤치지만 위치에 따라 높이를 다르게 조절함으로써 다른 용도로 사용할 수 있는 것입니다. 심플하지만 정말 멋진 발상이라고 생각합니다.

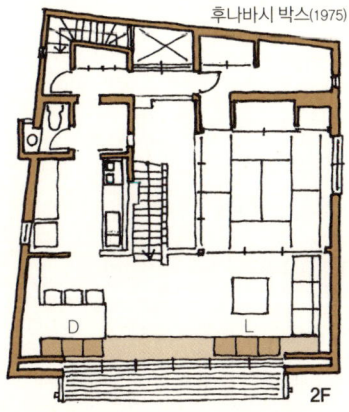

후나바시 박스(1975) 2F

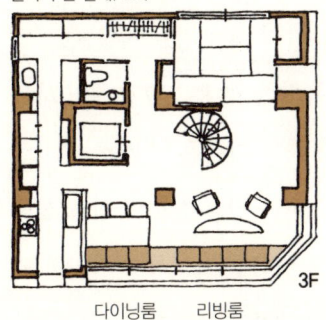

필자가 한 설계(1990) 3F
다이닝룸   리빙룸

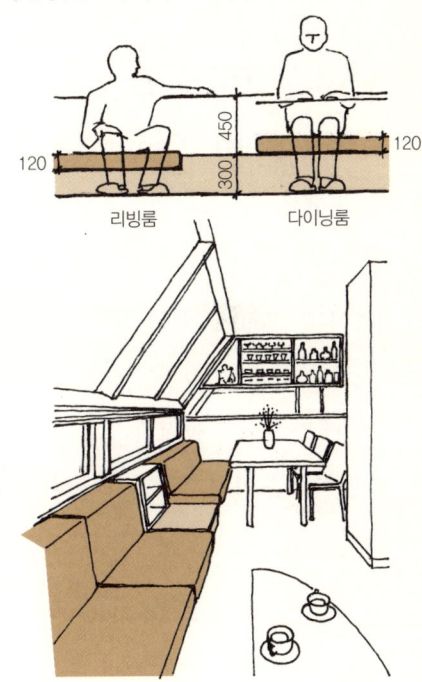

리빙룸   다이닝룸

후나바시 박스를 설계한 지 15년이 지났지만, 미야와키 씨의 유연한 발상에 감동해 저도 이 아이디어를 빌리게 되었습니다.

그런 까닭에,
거실을 설계할 때는 '어떻게 앉을까'를 중요하게 생각해야만 합니다.

다이닝룸
― 식탁은 보이는 것보다 훨씬 크다

가구를 고르는 일은 무척 즐거운 작업입니다. 특히 새로 집을 지을 때는 건축주도 신이 납니다. 그중에서도 식탁은 더욱 특별한 존재입니다. 매일 하는 식사뿐만 아니라 친구를 초대해 파티를 열기도 하고 가끔은 글을 쓰거나 일을 할 때도 사용하는 등, 그 집에서 중심 역할을 하는 만큼 선택이 한층 신중해집니다. "참나무로 된 게 좋겠지?" "단풍나무를 사용한 북미풍 디자인을 포기하긴 아까운데." 등의 고민을 많이 하지만 그보다 중요한 것은 크기입니다.

다이닝룸은 집 안에서 가장 사람이 많이 모이는 곳입니다. 그런 만큼 식탁 주위에는 사람이 움직일 수 있는 공간을 충분히 확보하지 않으면 안 됩니다. 어떤 식탁을 어떻게 놓는가에 따라 다이닝룸의 설계는 크게 달라집니다.

[다이닝룸은 사람이 움직일 수 있는 공간이 필요]

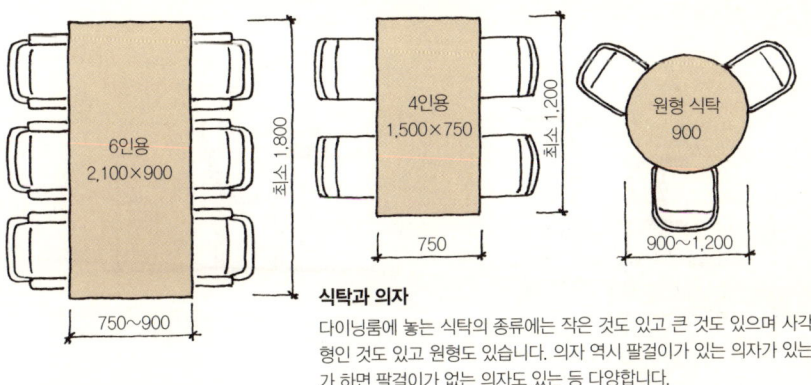

식탁과 의자

다이닝룸에 놓는 식탁의 종류에는 작은 것도 있고 큰 것도 있으며 사각형인 것도 있고 원형도 있습니다. 의자 역시 팔걸이가 있는 의자가 있는가 하면 팔걸이가 없는 의자도 있는 등 다양합니다.

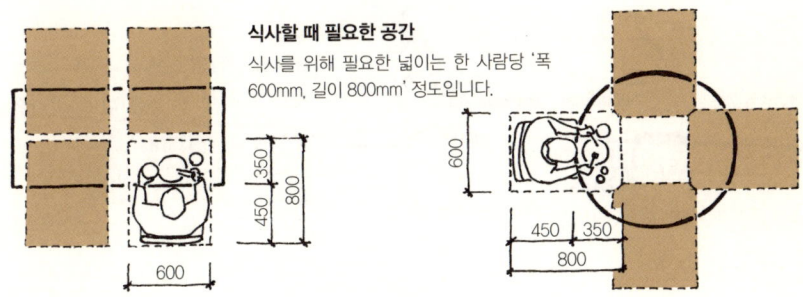

식사할 때 필요한 공간

식사를 위해 필요한 넓이는 한 사람당 '폭 600mm, 길이 800mm' 정도입니다.

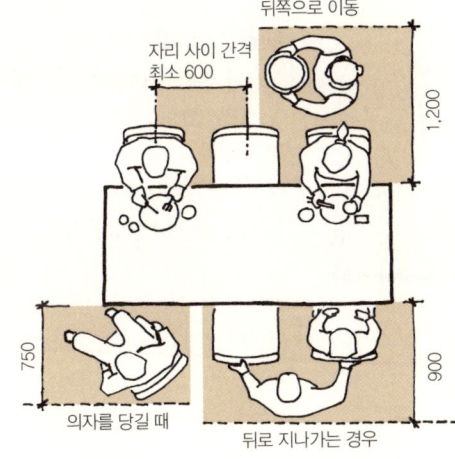

사람은 움직이는 법

그러나 사람은 의자에 앉아 식사만 하는 것이 아니라 이런저런 일로 움직이게 됩니다. 다이닝룸의 식탁 주위로는 그러기 위한 공간이 필요하다는 것을 꼭 염두에 두어야 합니다.

[식탁의 높이 · 의자의 높이]

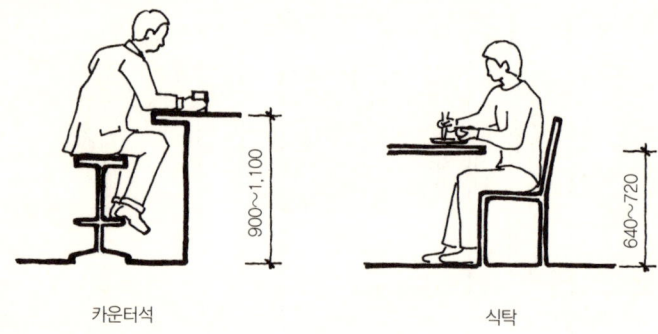

카운터석   식탁

바닥이 파여 있는 경우   좌탁

높이도 다양함

식탁 크기가 다양한 만큼 식탁의 높이도 다양합니다.

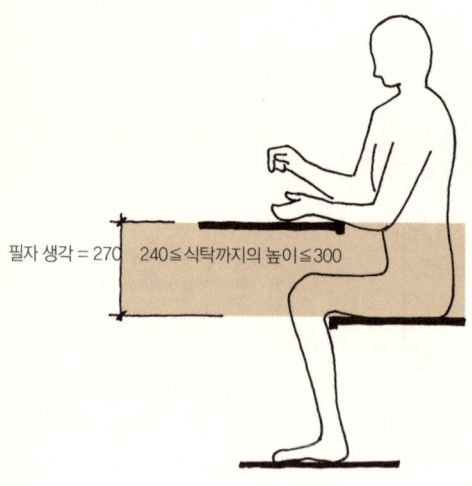

상대적인 높이는 거의 동일

그러나 앉은 자리에서 식탁까지의 상대적인 높이는 어떤 식탁이든 거의 일정합니다. 물론 이 높이는 체격에 따라 미묘하게 달라질 수도 있고 또 식사 형태가 전통식인지 양식인지, 말하자면 젓가락을 사용하는지 나이프를 사용하는지 등에 따라서도 약간 달라질 수도 있습니다. 단 전문 요리점이 아닌 이상 그 높이는 270mm 전후입니다.

[공간을 반드시 확보해야 한다]

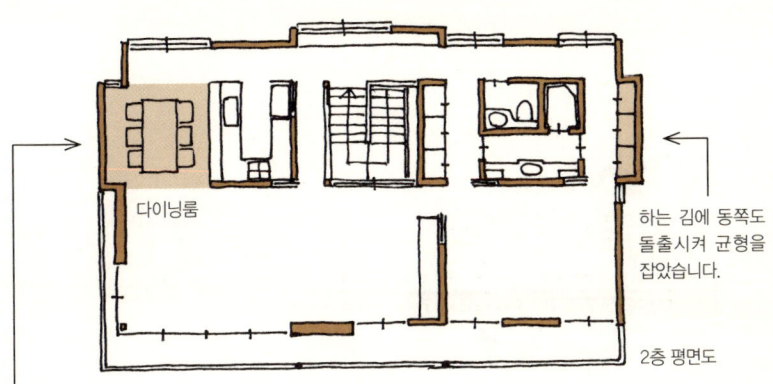

다이닝룸

하는 김에 동쪽도 돌출시켜 균형을 잡았습니다.

2층 평면도

벽을 돌출시켜라
이는 필자가 설계한 주택의 2층 평면도입니다. 넓은 주택임에도 불구하고 식탁 주위에 적당한 공간이 부족했기에 결국 서쪽 벽을 과감하게 돌출시켰습니다.

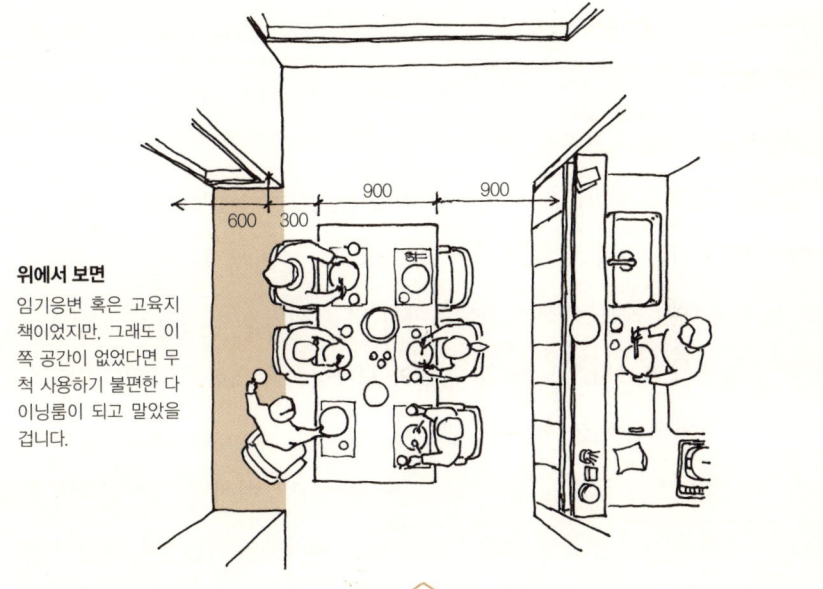

위에서 보면
임기응변 혹은 고육지책이었지만, 그래도 이쪽 공간이 없었다면 무척 사용하기 불편한 다이닝룸이 되고 말았을 겁니다.

그런 까닭에,
다이닝룸의 설계는 식탁 근처의 전후좌우, 그리고 상하 공간을 확보할 필요가 있습니다.

부엌
− 설계 전문가라 할지라도 주방기기 배치는 쉽지 않다

"요리하는 속도가 빠른 사람이 만든 음식은 거의 맛있다." 이는 저의 개인적인 생각 같은 것이지만, 많은 사람들도 공감하리라고 생각합니다. 당연히 그 반대의 경우도 마찬가지고요.

그날 저녁식사의 만족도는 메뉴 선택도 중요하지만 요리하는 사람의 솜씨에 좌우됩니다. 차갑게 내야 하는 음식은 먼저 준비해서 냉장고에 넣어두고, 뜨겁게 내야 하는 음식은 만들자마자 바로 식탁으로 가져와야 합니다. 좁은 공간에서 재료와 양념이 쉴 새 없이 교차하는 부엌은 공간의 디자인도 중요하지만 최대한 기능적이어야 합니다.

만약 부엌에서 여러분이 필요 이상으로 바쁘다면, 어쩌면 그 원인은 부엌의 설계 때문일지도 모릅니다. 요리를 잘하는 여러분의 발걸음을 부엌이 제대로 뒷받침하지 못하는 것입니다.

[주방기기를 어떻게 배치할까]

부엌에 놓아야 할 주방기기는 무척이나 많지만, 주방기기의 대표라고 하면 냉장고, 레인지, 개수대입니다. 이 세 가지에 도마를 놓는 공간까지 더한 것을 저는 주방기기의 사천왕이라고 부릅니다.

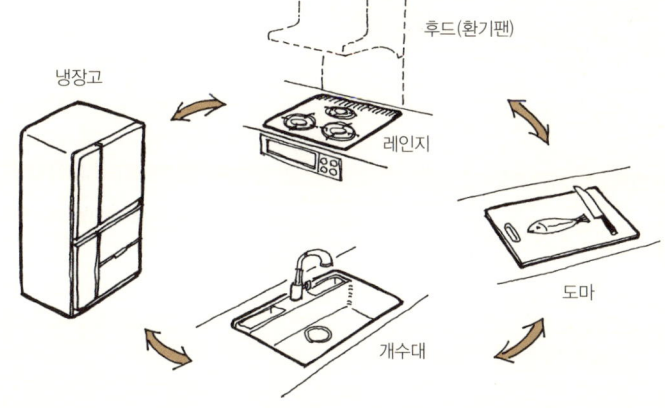

적절한 배치법

그럼 사천왕을 배치하는 방법을 생각해보겠습니다. 보통 냉장고는 구석에 두므로 일단 지금은 왼쪽 끝에 둔다고 가정하겠습니다. 그런 다음 오른쪽 방향으로 한 줄로 배치한다고 하면 여섯 가지 방식이 가능합니다.

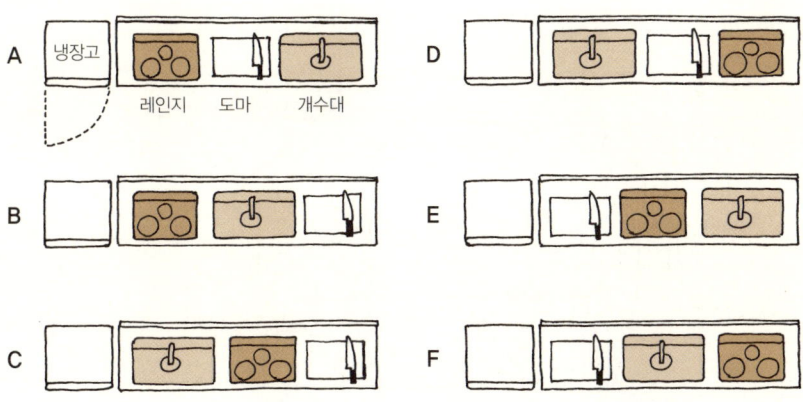

이중 여러분은 어떤 방식을 택하겠습니까? 참고로 제가 고른 방식은 딱 한 가지입니다.

[냉장고 옆으로 나란히 나란히!]

제가 고른 방식은 D입니다.

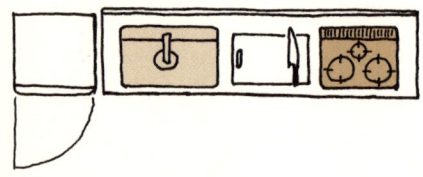

아마 여러분도 D를 골랐으리라 생각합니다.
뜨거운 열을 내는 레인지는 냉장고에서 멀리 두는 것이 좋기 때문일까요? 그리고 레인지 옆에 개수대가 있으면 뜨거운 기름에 물이 튀어서 위험하기 때문에? 아닙니다. 그런 이유 때문이 아닙니다.

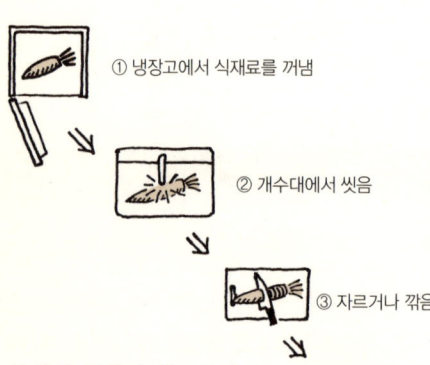

① 냉장고에서 식재료를 꺼냄

② 개수대에서 씻음

③ 자르거나 깎음

부엌의 주방기기는 요리하는 순서에 따라 배치하는 것이 좋기 때문입니다.

④ 냄비에 넣음

요리의 기본 순서

부엌의 설계는 요리를 위해 존재하는 것입니다!

[번호~! 하나·둘·셋·넷!]

냉장고가 오른쪽에 있더라도

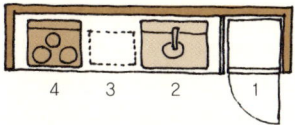

부엌의 형태가 길쭉해도

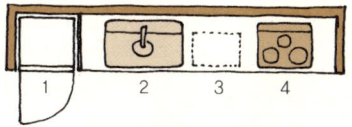

냉장고가 뒤에 있어도

개수대와 레인지가 평행하게 있어도

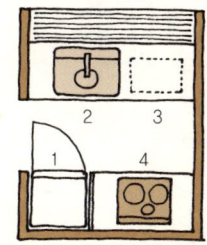

ㄷ자 형태라도

위의 1·2·3·4의 리듬만 지키면 어떤 형태의 부엌이라도 사용하기 편리하게 됩니다.

아일랜드형 부엌이라도 마찬가지

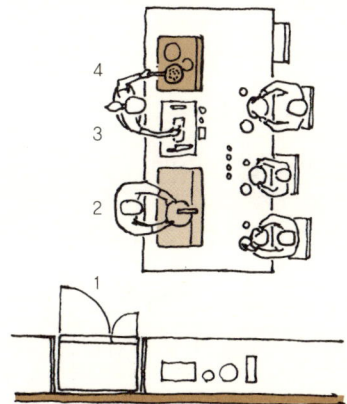

다른 형태의 ㄷ자형이라도

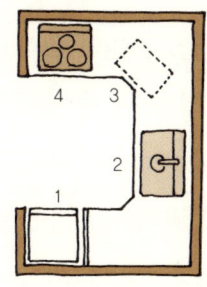

그런 까닭에,
부엌은 요리 순서를 의식해서 설계하지 않으면 사용하기 불편합니다.

부엌+다이닝룸(평면)
– 냉장고는 팔방미인. 누구에게나 사랑받고 가깝게 지낸다

부엌과 다이닝룸과의 관계는 시대, 양식, 규모 면에서 서로 떼려야 뗄 수 없는 사이입니다.

어쨌거나 과거 다이닝룸과는 엄연히 구분되어 있던 부엌도 최근에는 의기투합하는 오픈형, 사이가 너무 좋아 일체가 된 아일랜드형 등 새로운 관계를 보이고 있습니다.

양자의 관계는 부엌을 요리를 위한 전용 공간으로 볼 것인지, 식사에 필요한 가족 전원의 공유 공간으로 볼 것인지에 따라 달라집니다. 이를 구체화하는 것이 부엌과 다이닝룸을 배치하는 계획입니다. 가족 구성원의 삶의 방식을 좌우하는 중요한 설계 테마 중 하나라 할 수 있습니다. 특히 냉장고의 위치는 무척 중요합니다. 가족 모두가 좋아하는 냉장고를 어디에 둘 것인가? 먼저 그 문제부터 생각해보겠습니다.

[냉장고는 안쪽? 아니면 가까운 쪽]

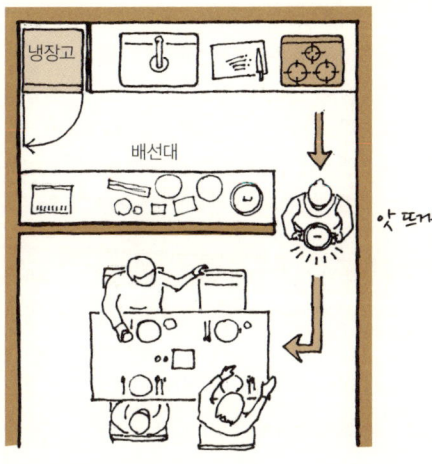

냉장고를 안쪽에 놓는 이유

부엌과 다이닝룸이 분명히 구분되어 있는 레이아웃을 예로 들어 냉장고와 레인지의 위치에 대해 생각해보겠습니다. 왼쪽은 부엌 입구에서 볼 때 왼쪽 안쪽에 냉장고가 있고 오른쪽 앞쪽에 레인지가 설치되어 있습니다. 이런 배치는 제가 설계 일을 처음 시작할 무렵 설계사무소 선배로부터 배웠습니다. "요리는 만들자마자 뜨거운 상태에서 먹는 게 좋잖아?"라는 것이 그 선배의 말이었습니다. 하긴 일리가 있습니다.

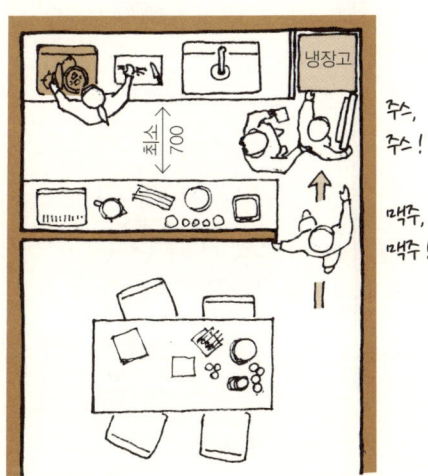

냉장고는 가까운 쪽이 좋음

그러나 요즘 저는 냉장고를 식탁과 가까운 쪽에 두고 레인지를 안쪽에 두는 형태로 설계합니다. 왜냐하면 요즘은 부엌에 가족 모두가 빈번하게 들어오기 때문입니다. 물론 목적은 수시로 냉장고 안에 있는 것을 꺼내기 위해서지요. 그런 만큼 레인지는 안쪽에 두는 편이 안전합니다. 냉장고는 부엌과 다이닝룸을 연결하는 소중한 연결고리가 되는 것입니다.

[매혹의 두 방향 접근]

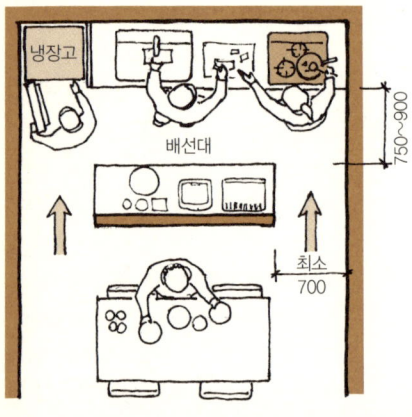

가족이 적극적으로 요리에 동참한다면 좌우 양쪽으로 부엌에 출입할 수 있는 두 방향 접근(더블 액세스) 구조가 좋습니다. 배선대의 크기며 수납공간은 줄어들겠지만 그 사실을 감안하더라도 부엌과 다이닝룸이 연결되는 플랜은 충분히 매력적입니다.

이를 더욱 발전시켜 '오픈 키친'으로 만들면 아래쪽 그림과 같이 됩니다. 이런 경우 다이닝룸과 접하는 부엌의 카운터에는 레인지와 개수대 중 어느 쪽을 놓는 편이 좋을까요?

레인지는 기름이 튀는 것을 각오할 것

부엌 카운터에 레인지를 놓고 그 위에 레인지후드를 설치하면 멋진 대면식 오픈 키친이 됩니다. 그렇지만 튀김을 할 때 등은 주변에 기름이 튀는 일도 각오해야 합니다. 적어도 레인지 앞에서 300mm 떨어진 곳에 가림막을 설치해주세요.

개수대까지가 현실적

오픈 키친을 설계하는 경우, 저는 부엌 카운터에는 기껏해야 개수대를 포함시킵니다. 레인지가 부엌 중앙에 있으면 역시 '배기' 문제가 발생할 우려가 있기 때문입니다. 어떤 경우라도 레인지 뒤에는 벽이 있게끔 레이아웃에 신경을 씁니다.

[양쪽으로 출입구를 만드는 방법]

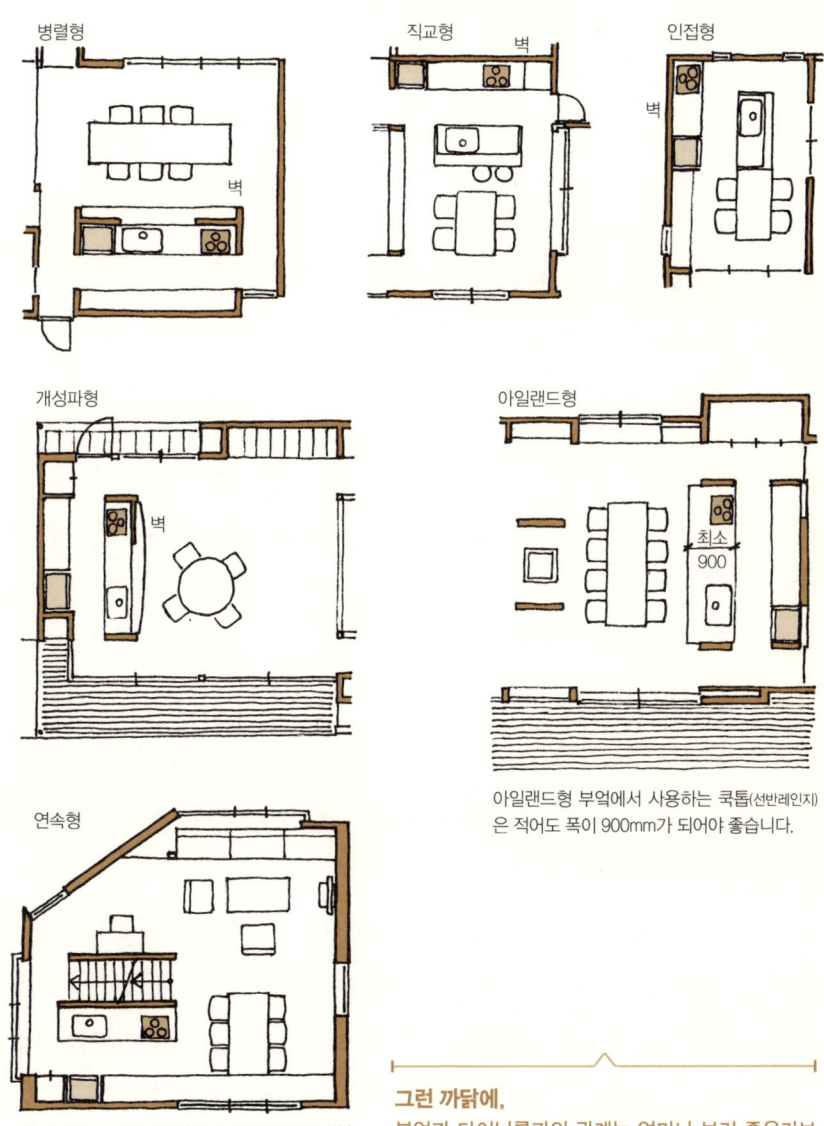

이 설계도는 제가 아직 '앗 뜨거워형 레이아웃'을 답습하고 있던 시절의 것입니다.

아일랜드형 부엌에서 사용하는 쿡톱(선반레인지)은 적어도 폭이 900mm가 되어야 좋습니다.

그런 까닭에,
부엌과 다이닝룸과의 관계는 얼마나 보기 좋은가보다 사람의 동선을 먼저 생각하지 않으면 안 됩니다.

부엌＋다이닝룸(단면)
– 완벽한 아일랜드형 부엌을 이루기란 쉽지 않다

　예전엔 남자가 주방에 들어가지 않는 것이 미덕인 시절이 있었습니다. 지금이야 부엌은 누구나 자유롭게 드나드는 장소가 되었고, 집 안에서의 위치도 눈에 잘 띄지 않는 조연에서 밝은 무대 위에 서는 주연으로 변했습니다. 그중에서도 벽으로부터 독립한 '아일랜드형 키친'은 최근 들어 유행하게 된 만큼 무대 위 주인공으로 새로 발탁된 신인 스타라 할 수 있습니다.
　그러나 곰곰이 생각해보면 아일랜드라는 이름의 인기 배우는 어디에도 존재하지 않는다는 사실을 알 수 있습니다. 아일랜드형, 오픈형, 대면형 등 부르는 이름은 많지만, 이것들은 부엌 그 자체의 이름이 아니라 형태를 나타내는 말일 뿐입니다. 결론적으로 무대 위에서의 배역 명인 것입니다. 연기하는 배역에 따라 부르는 이름이 달라지는 것일 뿐 설계의 기본은 모두 같다는 말입니다. 단, 아일랜드와 식탁을 동시에 연기시킬 때는 무척 주의해야 합니다. 이 둘은 생각 외로 그다지 궁합이 좋지 않습니다.

[부엌의 배역]

과거에는 '가스레인지, 개수대, 냉장고!'가 부엌을 가리키는 이미지의 전부였지만, 최근에는 그것보다는 다이닝룸 쪽에 더 가까워지고 있습니다. 부엌이 그저 예전처럼 수수한 역할에 그칠지, 화려한 주역으로 연기를 할지는 다이닝룸과의 관계에 따라 크게 달라집니다.

카운터 해치만 있는 형태 : 조연
엉망으로 어질러진 부엌을 보이고 싶지 않다면 부엌과 다이닝룸 사이에 카운터 해치를 설치하고 요리를 주고받는 정도로만 사용합니다.

세미 오픈 : 준주연
요리는 숨어서 할 필요가 없으며 오픈해서 가족과의 대화를 더 많이 하고 싶다는 사람은 이런 형태가 좋습니다. 배선대 위쪽에 선반을 설치하고 배선대 앞쪽에 낮게 가림막을 설치함으로써 다이닝룸과의 관계에 어느 정도 거리를 두는 것입니다.

풀 오픈 : 주연
요리하는 일과 음식을 먹는 일을 따로 생각하지 않고 본질적으로 같은 행위라고 생각하여 일체화하면 이렇게 됩니다. 단 부엌 전체를 노출해야 한다는 각오는 필요합니다. 설거지거리가 쌓였을 때, 누가 찾아오면 비참한 일이 발생합니다.

부엌과 다이닝룸과의 관계는 '단면'으로 잘라보면 그 친밀도를 잘 알 수 있습니다.

[부엌과 다이닝룸 사이의 넘을 수 없는 선]

그런데 부엌과 다이닝룸 사이에는 아무리 서로를 존중하고 깊이 사랑한다고 해도 태생적으로 도저히 넘을 수 없는 '차이'가 가로막고 있습니다.

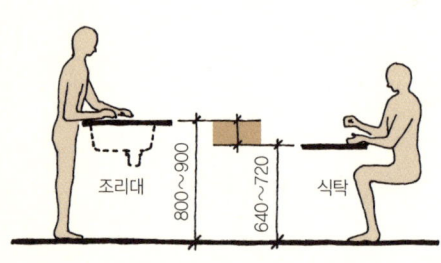

높이의 차이

조리대의 높이는 사용자의 신장, 자세, 습관 등에 따라 다르지만 아무리 낮아도 '800mm'는 되어야 합니다. 반면 식탁의 높이는 의자의 높이에 따라 변하지만 기껏해야 '720mm' 정도입니다. 불과 80mm의 차이지만 절대 넘을 수 없는 벽이기도 합니다.

아일랜드형 부엌과 식탁을 조합하는 경우는, 이 차이를 해결할 필요가 있습니다. 일단 생각할 수 있는 방법은 다음의 두 가지 방법입니다.

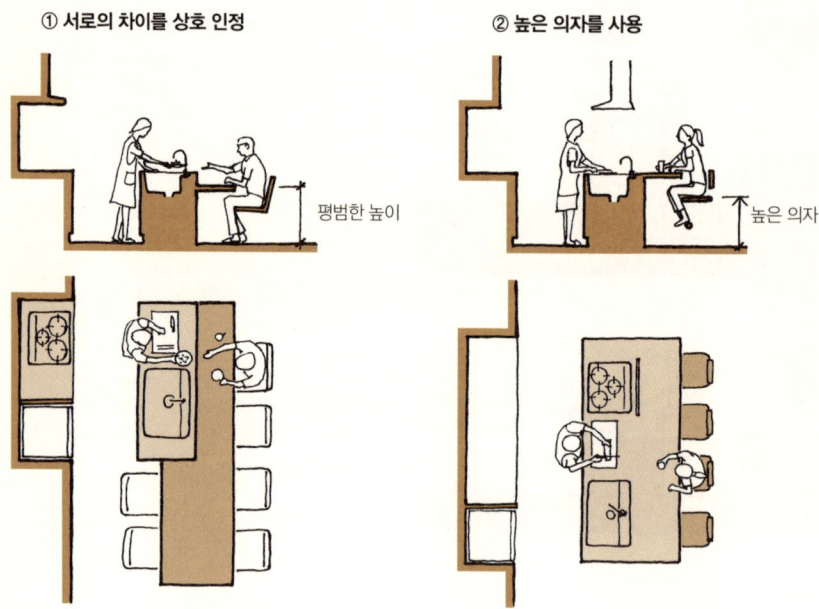

① 서로의 차이를 상호 인정

② 높은 의자를 사용

[눈높이, 식탁 높이, 바닥 높이]

그리고 또 한 가지 대담한 방법이 있습니다.

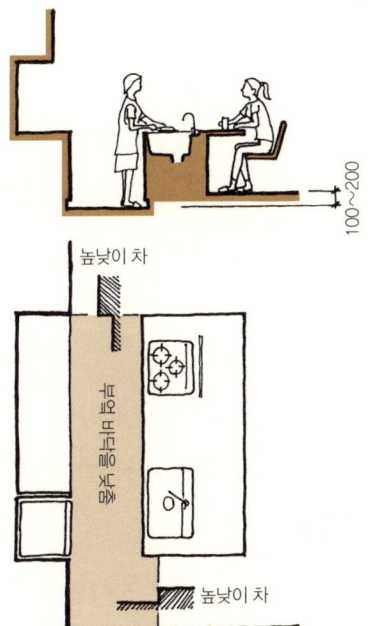

③ **바닥의 높이를 바꿈**
부엌 바닥의 높이를 내리면 고민이 한순간에 사라집니다.

높낮이 차의 리스크
물론 바닥의 높낮이 문제는 쉬운 문제가 아닙니다. 몸이 불편한 사람을 고려해도 그렇고 뜨거운 음식과 기구를 취급해야 하는 부엌은 안전에 대해서도 신중하게 생각할 필요가 있습니다. 왼쪽 그림에서 알 수 있듯이 부엌 바닥을 낮춘다고 하더라도 어디까지 낮춰야 하는지 주위 상황을 감안해야만 합니다.
아일랜드형 부엌에는 많은 매력과 가능성이 있지만, 그만큼 다양한 리스크도 있다는 사실을 받아들이지 않으면 안 됩니다.

시선의 높이를 배려한 실내의 단면

눈의 높이까지 고려하는 설계
그리고 높이라는 관점에서는 눈높이 역시 중요한 요소가 됩니다. 눈높이까지 고려해서 주택을 설계하는 사람은 많지 않지만 언젠가는 해보고 싶은 테마 중 하나입니다.

그런 까닭에,
부엌을 오픈형으로 하는 경우는 단면에서의 균형을 충분히 검토해야 합니다.

침실
- 침대 놓는 위치를 잘못 잡으면 한밤중에 다이빙을 할 수도 있다

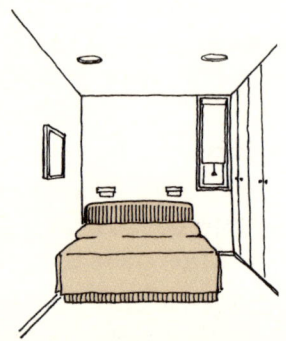

침실, 개인방, 객실 등 침대가 있는 방을 부르는 이름은 다양하지만, 이 책에서는 침대가 있는 방을 침실이라고 부르겠습니다.

침대는 가구의 한 종류입니다. 그러므로 책꽂이처럼 방 안 원하는 곳에 원하는 형태로 놓으면 됩니다. 그러나 현실은 꼭 그렇지도 않습니다. 침대의 위치에 따라 가장 먼저 창문의 위치가 달라집니다. 콘센트의 위치도 바뀌고 조명기구의 위치도 달라집니다. 게다가 그런 일보다 더 큰일이 일어납니다.

위의 스케치는 설계를 시작한 지 얼마 되지 않은 학생들이 흔히 저지르는 실수입니다. 왼쪽에 더블베드, 오른쪽에 옷장을 두어 차분한 분위기를 연출하고 있습니다. 그러나 곰곰이 생각해보면 벽 쪽에서 자는 사람은 어떻게 침대에 들어가야 할까요?

[다이빙과 침대정리]

침대에 다이빙

침대에는 사이드 공간을!

더블베드를 벽에 붙이는 경우 바깥쪽을 사용하는 사람이 먼저 잠들면 같이 자는 사람은 베개를 향해 다이빙을 해야만 합니다. 침대에 누울 때는 옆에서 올라오는 것이 원칙입니다. 침대에는 사이드 공간이 필요하다는 것을 잊으면 안 됩니다.

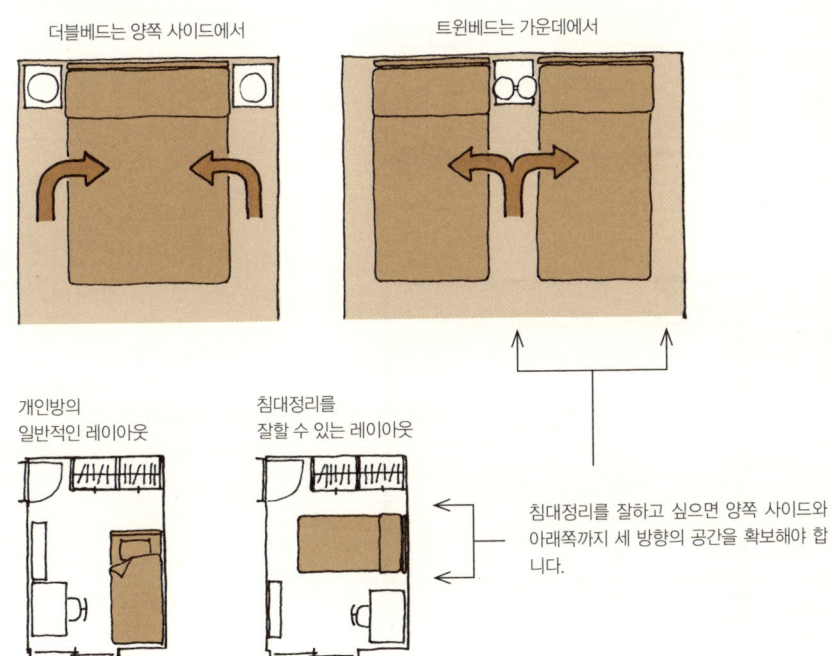

사이드 공간의 위치

더블베드는 양쪽 사이드에서

트윈베드는 가운데에서

개인방의
일반적인 레이아웃

침대정리를
잘할 수 있는 레이아웃

침대정리를 잘하고 싶으면 양쪽 사이드와 아래쪽까지 세 방향의 공간을 확보해야 합니다.

[사이드 공간은 어느 정도 필요할까]

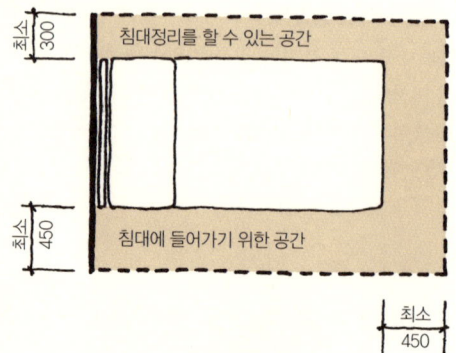

침대 주위의 기본 공간
이 정도는 있어야 편합니다.

옆쪽은 좁아도 OK
침대 옆쪽은 침대 위쪽이 비어 있으므로 약간은 좁아도 상관없습니다.

움직이는 문은 주의할 것
단, 방문이나 옷장문은 정확히 계산해서 배치를 정해야 합니다.

[침대 사이즈의 기준]

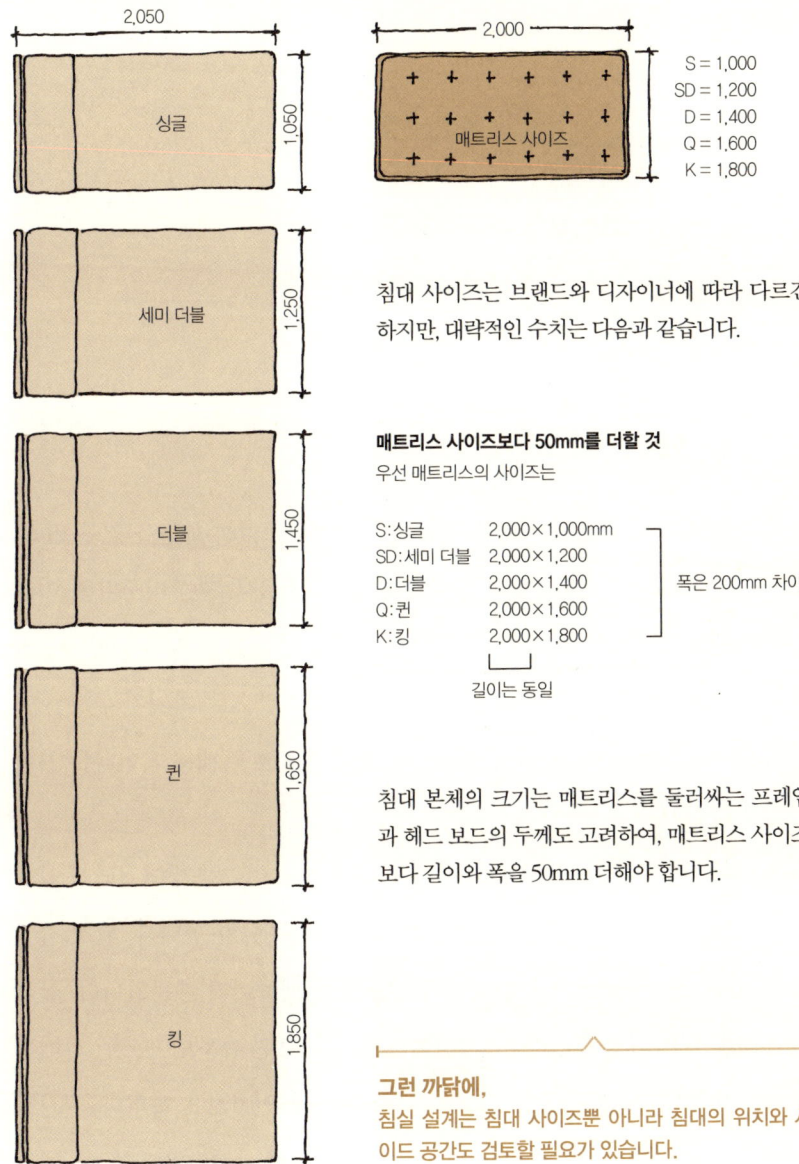

침대 사이즈는 브랜드와 디자이너에 따라 다르긴 하지만, 대략적인 수치는 다음과 같습니다.

매트리스 사이즈보다 50mm를 더할 것
우선 매트리스의 사이즈는

S:싱글　　2,000×1,000mm
SD:세미 더블　2,000×1,200
D:더블　　2,000×1,400
Q:퀸　　　2,000×1,600
K:킹　　　2,000×1,800

폭은 200mm 차이
길이는 동일

침대 본체의 크기는 매트리스를 둘러싸는 프레임과 헤드 보드의 두께도 고려하여, 매트리스 사이즈보다 길이와 폭을 50mm 더해야 합니다.

그런 까닭에,
침실 설계는 침대 사이즈뿐 아니라 침대의 위치와 사이드 공간도 검토할 필요가 있습니다.

수납
― 물건은 살아 있다. 돌아다니길 좋아하고 또 야행성이다

　세계 각국의 평균적인 가정을 방문하여 '집 안에 있는 물건을 전부 집 밖으로 꺼내어 보는' 프로젝트가 있었습니다. 그 프로젝트는 『지구가족』이라는 사진집에 잘 정리되어 있는데 특히 인상적인 부분은 일본 가정에 압도적으로 물건이 많다는 사실입니다. '수납공간을 최대한으로' 가지길 원하는 일본 부인들의 바람은 사실 나라 자체가 너무나 풍요로운 데서 기인하는 건지도 모르겠습니다.

　집 안에 물건이 너무 많으면 아무리 정리를 해도 어느샌가 어질러져 있습니다. 그렇지만 집이 어질러진 것은 여러분의 잘못이 아닙니다. 원래 집에 있는 물건들은 무척이나 돌아다니길 좋아하는 생물이기 때문입니다. 살금살금 떼를 지어서 말입니다. 또 아침에 일어나서 보면 아무도 모르는 사이에 여기저기 흩어져 있는 것으로 보아 그들은 야행성인지도 모릅니다. 진정한 의미의 수납 설계는 그들의 생태를 분석하는 일에서 시작됩니다.

[물건은 각각 성격이 있다]

방이 어질러져 곤란한 것은 바로 여러분이 아니라

자신들의 존재를 몰라주는 물건들인지도 모릅니다.

물건의 성격 · 삼형제

물건에는 여러 가지 종류가 있지만, 그와는 별도로 '돌아다니길 좋아하는가 그렇지 않은가' 하는 성격 면에서의 차이가 있습니다. 그뿐만이 아니라 돌아다니길 좋아하는 물건은 항상, 자주, 가끔이라는 이름의 삼형제로 나눌 수 있습니다.

[수납은 물건의 성격에 맞춰]

항상, 자주, 가끔 등 세 가지 성격은 수납장의 형태에도 반영됩니다.

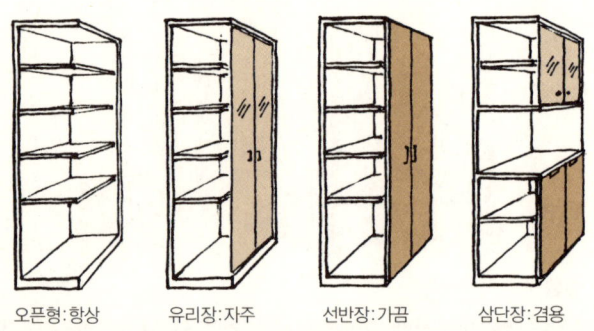

오픈형:항상   유리장:자주   선반장:가끔   삼단장:겸용

옷장

양복 등 의류를 수납하는 옷장은 항상, 자주, 가끔의 구별이 내부에서 진행됩니다. 안쪽에 조금 여유가 있으면 자연적으로 구분이 이루어집니다.

[단면]
옷걸이 안쪽 선반은 [가끔]

[정면]
자신도 모르게 손잡이에다 걸게 됨 [항상]

앞쪽은 [자주]
옷장 문 뒤편도 [자주]로 이용됩니다.

[워크인 클로짓은 만능인가]

이쯤에서 침실의 옷장에 대해 다시 생각해보겠습니다. 같은 옷장이라면 벽으로 둘러싸인 옷장인 워크인 클로짓Walkin closet을 선호하는 사람이 많지만, 워크인 클로짓은 밖에서 안을 볼 수 없는 까닭에 몇 년이 지나면 내부 상태가 정글처럼 어지러워지기 쉽습니다. 게다가 사실 기대하는 만큼 수납할 수 있는 양도 많지 않습니다.

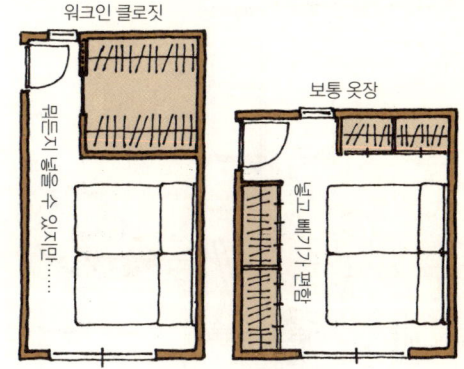

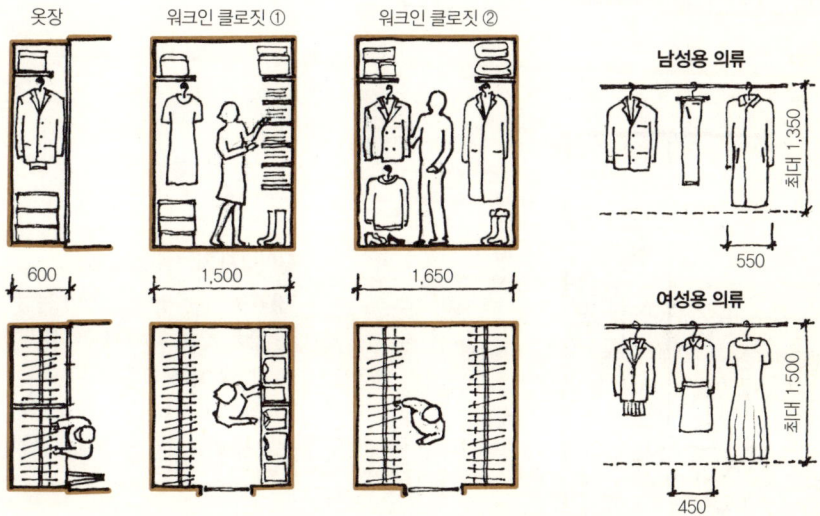

수납은 정리가 필요

수납의 구세주처럼 생각하기 쉬운 워크인 클로짓도 사용방법에 따라서는 그다지 효과적이지 못할 때가 있습니다. 역시 항상, 자주, 가끔의 구별을 확실히 하고 자주 정리해야만 합니다.

[나오고 싶어 하는 물건은 나오게 할 것]

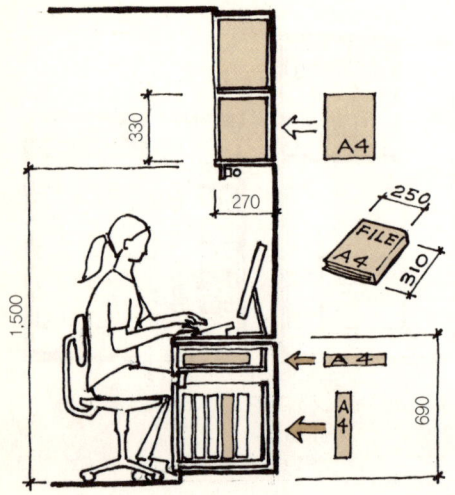

책상 주변의 정리
물건의 크기는 제각각이기 마련이므로 완벽한 수납법 따위는 존재하지 않습니다. 그렇지만 수납을 계획하는 데 참고가 될 단서 정도는 필요합니다.

예를 들어 책상 주변의 수납은 A4 사이즈의 파일을 기준으로 하면 어떨까요?

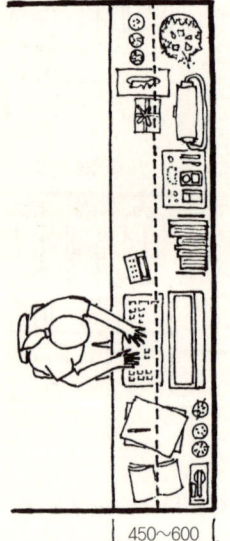

안쪽 폭은 좁지만 옆으로 무척 긴 책상

물건이 많이 나와 있어도 정리만 되어 있으면 보기 좋음

집어넣지 않는 수납 설계
'정리한다'는 말과 '집어넣는다'는 말은 같은 뜻이 아닙니다. 자주 사용하는 물건은 계속 꺼내놓는 것이 편리합니다. 그렇게 해도 깔끔하게 보이도록 설계를 하면 되니까요.

[모든 물건 걸어두기]

매일 사용하는 요리기구

상부 수납장 아래에 가느다란 파이프를 설치

매일 아침과 밤에 사용하는 세면실

세면대 아래에 행거 파이프를 설치

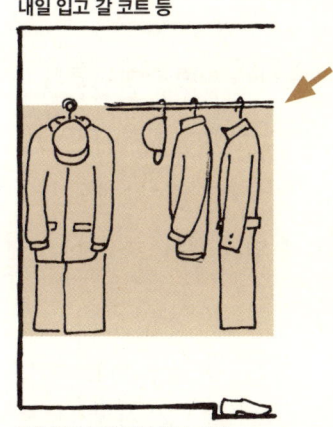

내일 입고 갈 코트 등

해결! 걸어두기 수납법

자주 사용하는 물건은 걸어두는 것이 편리합니다. 걸어두면 역학적으로도 안정되는 것은 물론이고 더 이상 물건들이 도망가지 못합니다.

현관 쪽에 둥근 봉을 하나 설치

그런 까닭에,
현명한 수납 설계는 물건의 성격을 분석하고 그 생태를 거스르지 않는 일에서 시작됩니다.

COLUMN 1

가족의 타임 테이블에
유연하게 대응하는 집짓기

오른쪽 그림은 일반적인 가족 구성을 상정하고 현재부터 40년 동안 시간과 연령의 관계를 그래프로 나타낸 것이다.

당연한 말이지만 누구나 45도 각도로 나이를 먹게 된다. 그렇기에 자기 자신이나 가족 한 사람 한 사람의 장래에 대해서는 대략적인 상상을 하게 되고 각자의 장래에 대해 희망과 불안을 동시에 품고 예측할 수 있다. 그러나 가족 모두의 '여정'은 어떻게 될지 알 수 있을까 하고 물어보면 아마도 알 수 없다는 대답이 나올 것이다. 그러나 주택의 본질적인 측면, 특히 집을 짓는 관점에서는 가족 구성원들의 변화를 고려하지 않을 수 없다. '아이방'이라고 부르는 방에 영원히 그 '아이'가 있는 것이 아니기 때문이다. 특정 시점에 한정된 '공간 구성=방 배치'가 아니라 가족의 변화에 언제라도 유연하게 대응할 수 있는 계획, 그것이야말로 앞으로의 주택에 요구되는 사항이라고 생각한다.

그것을 위해 작성한 것이 이 그래프다. 내가 설계하는 집의 주인에게는 가능한 이 그래프를 그려보도록 유도하고 있다. 보는 바와 같이 그래프로 만들면 분명히 보이는 것이 있다. '몇 년 후에 무슨 일이 닥치는가?'가 아니라 '몇 년마다 여러 사건들이 한꺼번에 닥치는가'이다.

그래프 안에 있는 둥근 점이 가족 구성원들의 커다란 전환점이 된다. 아무

일도 일어나지 않는 연도가 오히려 적은 것을 알 수 있다. 자신의 가족에 대해 반드시 이 그래프를 그려보기 바란다.

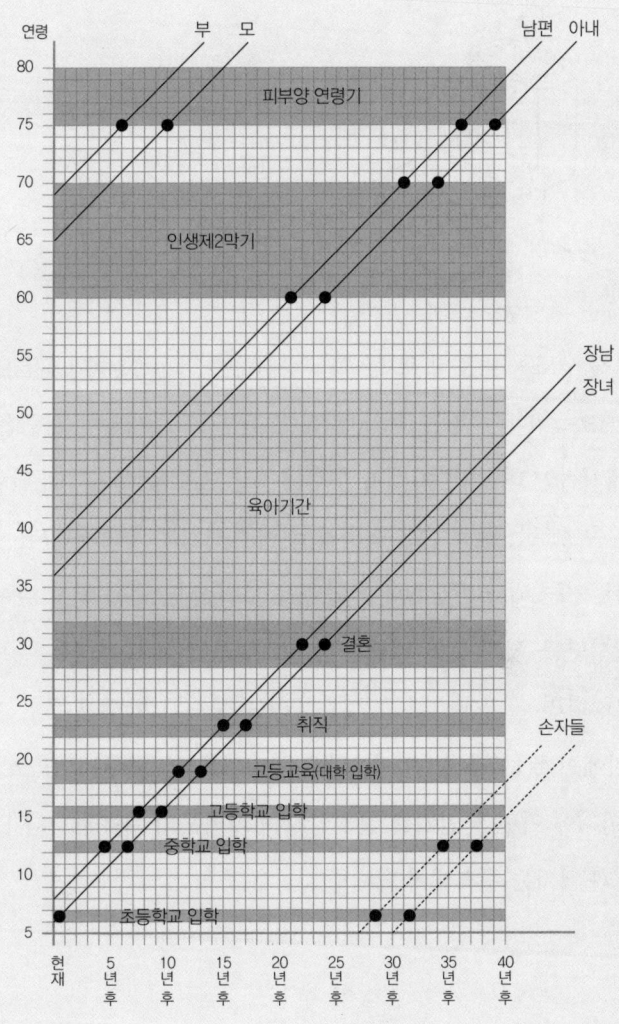

화장실
– 손을 씻는 일은 화장실에서

　대체 수도꼭지 부착 로 탱크 low tank(대변기와 가까운 거리의 낮은 위치에 설치하는 세척 탱크-옮긴이) 변기는 누가 발명한 것일까요? 개발한 사람은 '이것이야말로 세기적인 대발명!'이라며 흥분했을지 모르지만, 변기에 달린 수도꼭지에서 졸졸 흐르는 물로 손을 씻다보면 왠지 모르게 슬퍼집니다.
　그렇기는 해도 화장실에서 볼일을 보면 일단 손을 씻고 싶어집니다. 화장실에서 손을 씻지 못하는 일은 상상도 할 수 없지요.
　그렇다면 어디에서 손을 씻을까라는 문제가 발생합니다. 가능하면 화장실 안에서 씻는 게 좋습니다. 작은 세면기를 설치하는 것만으로도 충분합니다. 어디에 어떤 세면기를 설치할지는 여러분의 자유입니다. 그렇지만 레이아웃과 크기는 주의해야 합니다.

[세면기가 있으면 슬퍼하지 않아도 된다]

수도꼭지 부착 로 탱크 변기는 분명 편리합니다. 그렇지만 왠지 초라하고 서글퍼지는 것 또한 사실입니다.

다양한 세면기
작아도 상관없으니 화장실에는 세면기를 설치합시다.

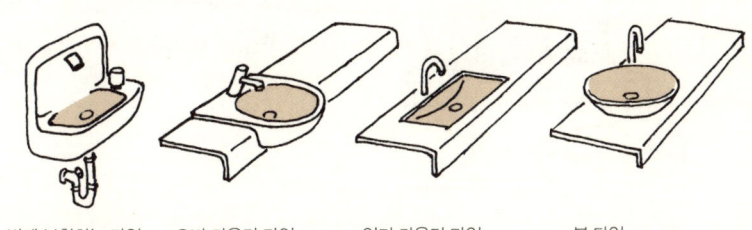

벽에 부착하는 타입 　 오버 카운터 타입 　 언더 카운터 타입 　 볼 타입

벽에 부착하는 타입의 배치 예

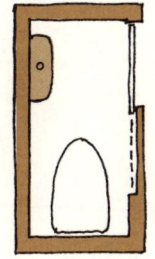 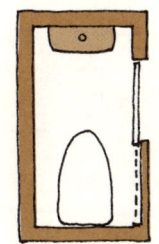 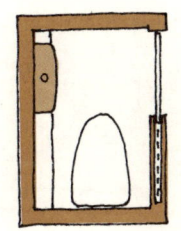

안 길이가 꽤 긴 화장실 　 안 길이가 조금 긴 화장실 　 너비가 조금 넓은 화장실

[파우더룸의 표준장비]

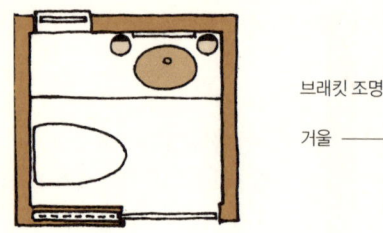
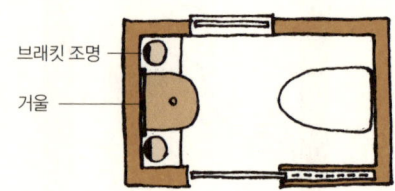

브래킷 조명
거울

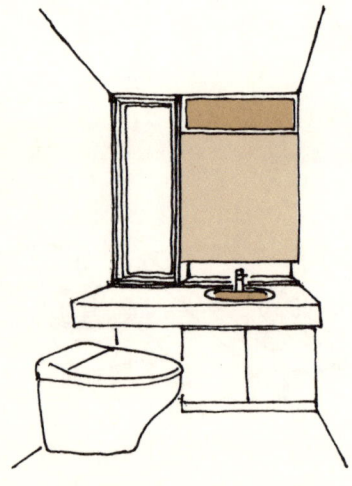

화장실의 승격

세면기뿐 아니라 거울과 벽에 부착하는 브래킷 조명을 설치하면 화장실(Toilet)은 화장실(Powder room)로 승격합니다. 손님이 화장을 고치러 오는 공간이 되는 것이죠.

변기 주변 치수

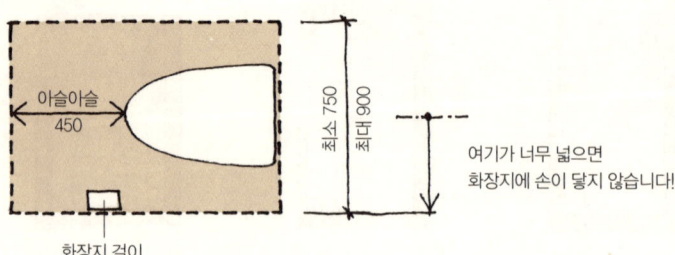

아슬아슬 450
최소 750
최대 900
여기가 너무 넓으면 화장지에 손이 닿지 않습니다!
화장지 걸이

[레이아웃은 섬세하게 할 것]

변기와 세면기의 콤비네이션 (모두 평면도 오른쪽 방향 위에서 화장실에 들어오는 경우)

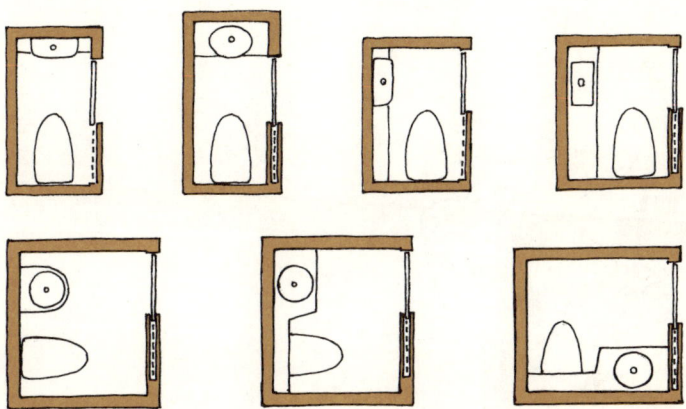

이들 레이아웃에는 저의 어떤 고집이 숨어 있습니다.

변기와 입구의 친절한 관계

같은 넓이의 화장실이라도 내부 레이아웃은 다양하게 고안할 수 있습니다. 왼쪽에 있는 A와 B 두 가지는 넓이도 문의 위치도 동일하지만 저는 B를 추천합니다. 문을 열었을 때 변기가 바로 눈에 들어오지 않기 때문입니다. 단, 오른쪽 두 경우라면 C를 선택하겠습니다.

그런 까닭에,
화장실 설계는 손을 씻는 방법과 레이아웃에 대해 깊이 생각해야 합니다.

욕실
― 욕조에 몸을 담글 것인가, 말 것인가

　부드러운 거품이 가득 든 욕조에 직접 들어가는 거품 목욕. 한쪽 다리를 들고 콧노래를 부르는 모습을 미국 영화에서 본 적이 있지요? 무척이나 기분이 좋아 보입니다. 그런데 지금 목욕하는 사람 다음에 목욕을 하러 들어오는 사람은 어쩌면 좋을까요? 뒤에 들어온 사람은 아마도 뜨거운 물을 전부 버리고 다시 받을 것입니다. 그들에게 욕조 안의 뜨거운 물은 자기 혼자만의 것이기 때문입니다. 게다가 서양인들은 '욕조 안에 몸을 담그는' 습관이 거의 없기 때문에 뜨거운 물을 다시 받는다 해도 그다지 큰 문제는 되지 않습니다.
　반면 동양인들은 통목욕을 참 좋아합니다. 뜨끈뜨끈한 물이 가득 찬 욕조에 들어가 어깨까지 담그지 않으면 목욕한 기분이 나지 않는 사람도 많을 것입니다. 물론 다른 사람이 썼던 물을 쓰더라도 아무렇지 않게 느낍니다. 따라서 '욕조 안에 들어간다', 이것이 욕실 설계의 소중한 키워드가 됩니다.

[욕조의 뜨거운 물은 공유물]

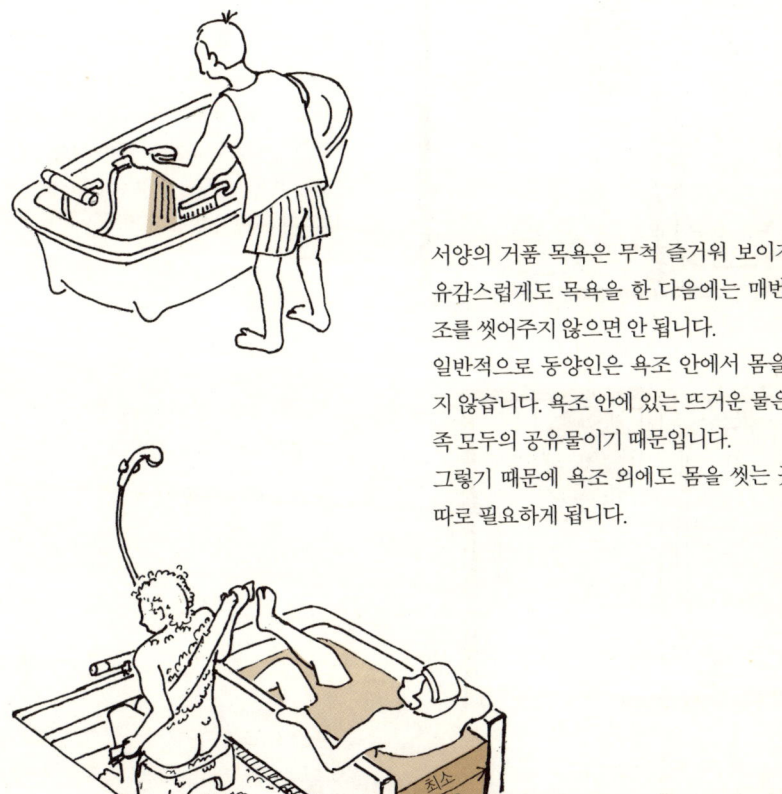

서양의 거품 목욕은 무척 즐거워 보이지만 유감스럽게도 목욕을 한 다음에는 매번 욕조를 씻어주지 않으면 안 됩니다.
일반적으로 동양인은 욕조 안에서 몸을 씻지 않습니다. 욕조 안에 있는 뜨거운 물은 가족 모두의 공유물이기 때문입니다.
그렇기 때문에 욕조 외에도 몸을 씻는 곳이 따로 필요하게 됩니다.

욕조와 몸 씻는 곳을 세트로 해서 '욕실'이라고 부릅니다. 단, 최근에 건축된 주택을 보면 몸 씻는 곳이 없는 욕실이 늘고 있습니다. '어디서 몸을 씻지?' 하는 생각에 조금 걱정이 되기도 합니다.

[공유하지 않는 욕실은 유니트화]

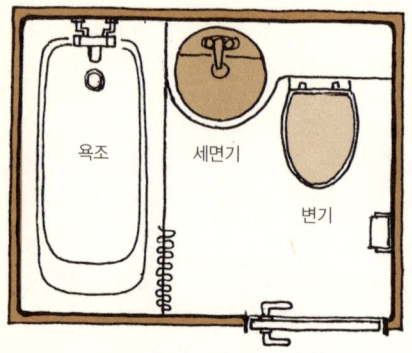

유니트 욕실이란

욕조에 변기와 세면기가 함께 설치된 유니트 욕실의 경우에는, 욕조의 뜨거운 물은 한 사람밖에 사용하지 않기 때문에 따로 몸을 씻는 곳이 필요하지 않습니다. 욕실을 공유하지 않으므로 변기와 세면기를 같이 놓고 쓰는 것입니다.

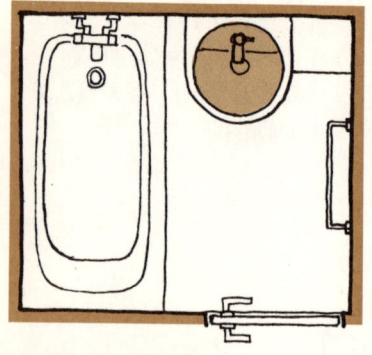

그중에는 변기는 따로 빼고 세면기만 같이 있는 욕실도 있습니다.

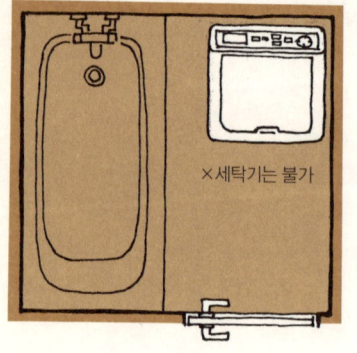

세탁기는 사절!

그러나 욕실에 세탁기를 두는 일은 불가능합니다. 누전의 위험이 있어 욕실에는 콘센트를 달지 않기 때문입니다.

[욕실을 어디에 배치할 것인가]

욕실은 주택의 어디에 배치해야 할까요? 이 문제는 베테랑이라도 고민할 수밖에 없는 어려운 문제입니다. 예를 들어 어느 2층짜리 주택이 있는데 1층은 거실을 중심으로 설계되었고 2층은 침실을 중심으로 설계되어 있다고 합시다. 그렇다면 욕실은 어디에 배치하는 것이 좋을까요?

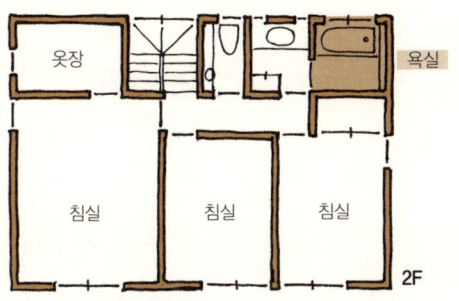

'욕실은 개인적인 공간'이라는 주장

2층에 욕실을 두는 경우 그 근거는 욕실은 개인적인 공간이라는 주장에 따른 것입니다. 욕실에서는 옷을 갈아입어야 하고 갈아입을 옷은 대체로 침실에 있으므로, 욕실은 침실 옆에 있어야 하는 것이 기본이라는 사고입니다.

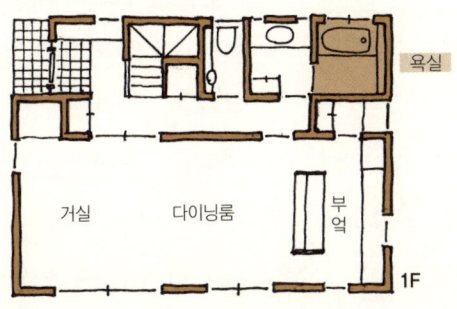

'욕실은 부엌 옆에'라는 주장

욕실은 부엌 옆에 설치하는 편이 설비 설계상으로나 집안일을 하는 데 유리하다는 생각도 있습니다. 욕실은 가족 모두가 공유하는 공간이고 집 안이라면 욕실을 숨길 필요가 없다는 의견인 셈입니다.

양쪽 모두 일리가 있습니다.
정답은 없으므로 최종 결론은 여러분이 내려주십시오. 참고로 저는 굳이 따지자면 욕실은 개인적인 공간이라는 주장에 동의합니다.

그런 까닭에,
욕실 설계는 '공유'와 '배치'에 대해 곰곰이 생각하지 않으면 안 됩니다.

세면실과 세탁기
– 세탁기를 놓을 장소가 정해지지 않으면 세면실도 꾸밀 수 없다

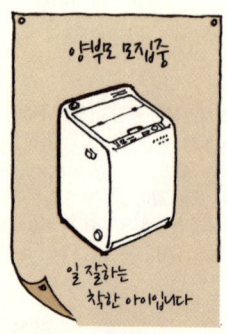

　세면실이라는 것은 사실 무척 애매한 공간입니다. 물론 손과 얼굴을 씻기도 하고 화장을 하는 등의 장소임에는 분명합니다. 그러나 경우에 따라서는 욕실 입구에 있기도 합니다. 이때는 세면실인 동시에 탈의실도 겸하는 것입니다. 혹은 화장실을 두 개 두는 경우 하나는 대부분 세면실에 설치됩니다. 이런 경우는 화장실과 겸용이 되는 것이지요.

　그렇습니다. 세면실은 겸용되는 일이 많은 장소인 것입니다. 단, 겸용은 가능하지만 병용은 할 수 없습니다. 누군가 옷을 벗고 있거나 화장실을 사용하는 중이라면 다른 사람은 사용할 수 없기 때문입니다. 게다가 다목적으로 사용할 수 있는 세면실을 가족이 어떻게 공유할 것인가 하는 문제가 설계상의 과제가 됩니다. 이 경우 해결의 열쇠는 세탁기가 쥐고 있습니다. 세탁기를 어디에 두는가에 따라 그후의 전개도 크게 달라집니다.

[방황하는 세탁기]

가사실이라는 이름의 '이상향'
건축주에게 "세탁기는 어디에 놓을 생각이신가요?"라고 물었을 때 "가사실요."라고 대답하면 설계자는 아무런 고민을 하지 않아도 됩니다. 가사실은 세탁기를 시집보내는 곳으로는 최적의 장소입니다. 단, 공간과 예산 문제 때문에 독립된 가사실을 두는 일은 쉽지 않습니다.

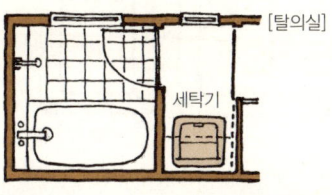

탈의실이라는 이름의 '본가'
목욕을 하고나면 옷을 갈아입게 되고 세탁물이 많이 나오게 됩니다. 따라서 세탁기는 '탈의실'에 놓으면 사용하기 편리합니다. 그러므로 탈의실은 세탁기의 '본가'라고 해도 무방합니다.

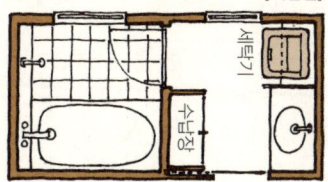

세면실이라는 이름의 '양부모'
단, 바닥 면적 문제가 있으므로 탈의실을 설치할 수 있는 여유가 항상 있다고는 할 수 없습니다. 그런 경우는 세면실이라는 이름의 '양부모'에게 맡길 수 있습니다.

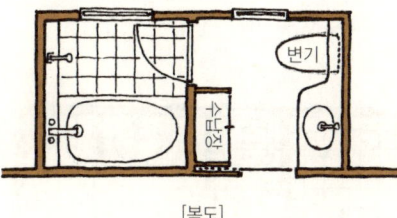

변기에 자리를 뺏기는 경우
그러나 이와는 달리 세면실에 변기를 놓고자 하는 사람도 있습니다. 마음이 넓은 세면실은 그 부탁을 잘 들어주기 때문에 세탁기는 또 방황하는 신세가 되고 맙니다.

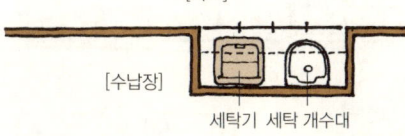

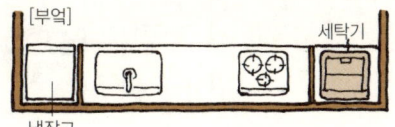

방랑자이지만 대우받는 존재
그렇지만 워낙 성실한 성격인 세탁기는 절대 버림받지 않습니다. 복도 쪽에 세탁 개수대와 함께 자리를 잡거나 부엌 한쪽 구석에 자리를 잡기도 합니다. 부엌에서는 "요리를 하면서 세탁을 할 수 있으니 의외로 좋다."며 귀여움을 받기도 합니다.

[물을 사용하는 카드로 포커를 해보자]

세탁기를 놓는 장소도 그렇지만 세면실 등 물을 사용하는 장소의 설계는 결국 필요한 설비를 어디에 어떻게 배치하는가가 관건이라고 할 수 있습니다. 굳이 비유하자면 변칙적인 포커와 비슷합니다.

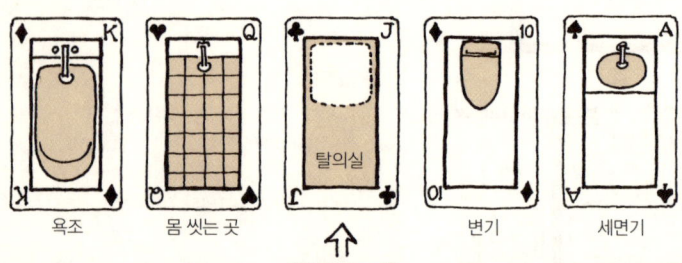

조커 한 장을 포함해 카드는 모두 6장이 있습니다. 조커는 대체로 세탁기인데 운이 좋으면 탈의실에 들어갈 수 있습니다.

그럼 이 여섯 장의 카드를 어떻게 배치해야 한군데에 다 모을 수 있을까요?

'로열 스트레이트'는 잘 나오지 않는다

공간에 여유가 있다면 그림과 같이 카드 6장을 전부 모을 수 있습니다. 로열 스트레이트인 셈입니다. 이렇게 배치하면 입욕, 세탁, 세면, 화장실을 복수로 동시에 사용할 수 있습니다. 그러나 이렇게 공간적 여유가 있는 경우는 극히 드뭅니다.

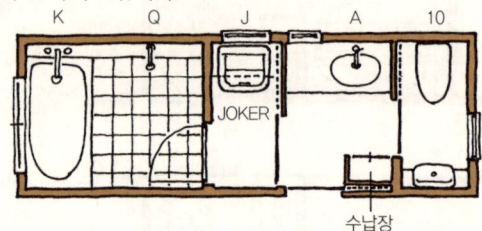

도둑잡기로 게임 변경

어쩔 수 없으므로 지금부터는 카드를 몇 장 버리기로 합니다. 포커에서 도둑잡기로 게임을 바꾸는 것입니다. 이때 마지막까지 남겨야 하는 카드는 욕조와 세면기입니다. 이 두 장은 절대 버릴 수 없는 카드이지만 다른 4장은 옮기거나 없애는 것도 가능합니다.

욕조

세면기

[무엇을 CUT 하고 무엇을 GET 할 것인가]

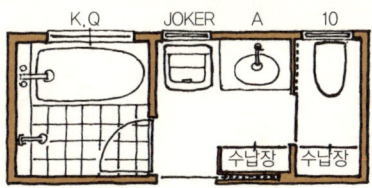

탈의실을 CUT 하면
그럼 어떤 카드부터 버릴까요?
우선 탈의실을 버리고 가지고 있던 세탁기를 세면실에 놓는 방법을 생각할 수 있습니다. 화장실에 필요한 손씻는 곳은 세면실의 것을 같이 씁니다.

세탁기와 변기는 어느 쪽?
다음으로 버릴 카드는 세탁기와 변기 둘 중 하나입니다. 어느 쪽을 고를지는 건축주와 협의가 필요합니다.

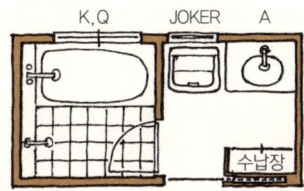 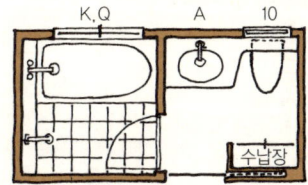

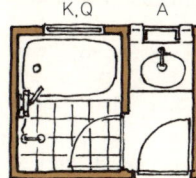

양쪽 CUT
세탁기와 변기 양쪽을 모두 버리면 욕실과 세면기만 남습니다.

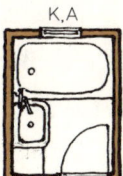

몸 씻는 곳 CUT
그리고 마침내 세면기가 욕실 안으로 입성. 몸 씻는 곳을 버린 셈입니다.

변기의 부활
그렇지만 아직 게임은 끝나지 않았습니다. 패자부활전에서 변기가 다시 살아 돌아왔습니다. 이런 패턴도 종종 있습니다.

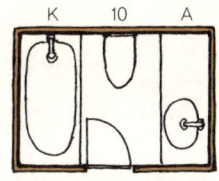 

2,400 × 1,600mm
여유로운 3점 유니트 욕실

1,400 × 1,050mm
아주 작은 3점 유니트 욕실

그런 까닭에,
물을 사용하는 시설을 설계할 때는 무엇인가 얻기 위하여 무엇인가를 버리지 않으면 안 된다(CUT&GET)는 각오로 임해야 합니다.

급수 · 급탕 · 배수
― 집은 끊임없이 물이 통과하는 곳이다

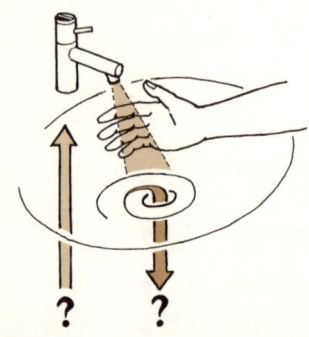

일반 가정이 평균적으로 수돗물을 사용하는 양은 하루에 한 사람당 250~300리터입니다. 4인 가족이라면 대략 하루에 1톤 이상의 물을 사용하는 셈입니다. 내역을 보면 욕실에서 4분의 1, 세면 및 세탁에 4분의 1, 화장실에서 4분의 1, 식사준비 및 그 외로 4분의 1입니다. 대부분이 한 번 사용하고 바로 하수도로 흘러가게 됩니다. 마시는 물도 언젠가는 형태를 바꿔 몸 밖으로 배출되기 때문에 하수도로 가는 물의 일종이라고 해도 무방할 것입니다.

그러므로 집은 끊임없이 물이 '통과'하는 장소입니다. 그렇다고 해서 그 존재를 의식하지 않아도 된다는 말은 아닙니다. 수도를 끌어오는 방법, 뜨거운 물을 만드는 방법, 사용한 물을 배출하는 방법 등은 의외로 모르는 사람이 많은 기초 지식입니다. 다른 전문가에게 부탁해야 하므로 기초적인 지식만이라도 알아두도록 합시다.

[온수와 냉수가 나오는 방식]

여러분이 매일 사용하고 있는 찬물과 더운물이 나오는 수도꼭지. 어느 쪽이 찬물이고 어느 쪽이 더운물인지 기억하십니까? 냉수와 온수가 나오는 방식은 어디서든 동일합니다.

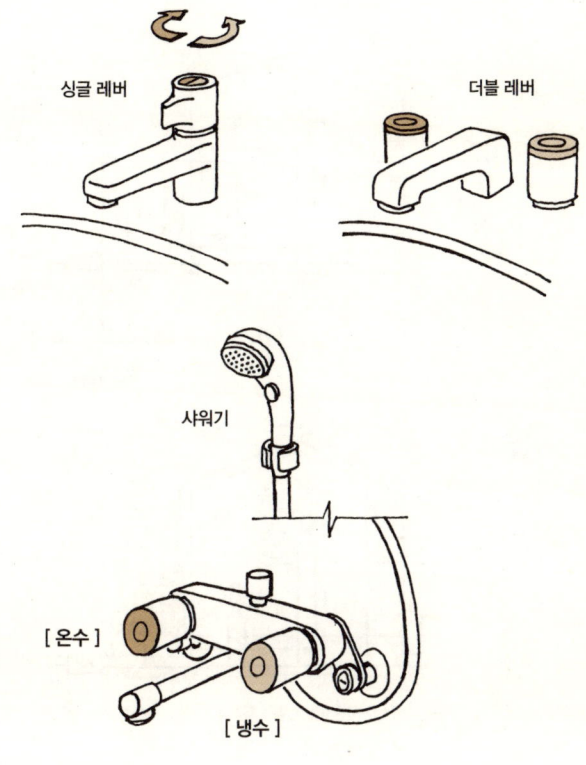

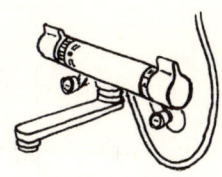

그렇지만 요즘은 온도조절기가 달린 수도꼭지가 보급되고 있어서, 위의 수도꼭지들은 언젠가 사라질지도 모르겠습니다.

온도조절기가 달린 수도꼭지

[물은 집 안에서 두 갈래로 나뉜다]

예전에 제가 가르치던 학생 중에는 온수는 수도관에서 흘러들어올 때부터 뜨거운 상태라고 잘못 생각하고 있던 사람이 있었습니다. 그것이 바로 온천이겠죠. 물론 온수는 각 가정에서 만드는 것입니다. 가스나 전기 등 물을 데우는 방법은 여러 가지지만, 일단 지금은 온수와 냉수의 공급 경로를 확인해보겠습니다.

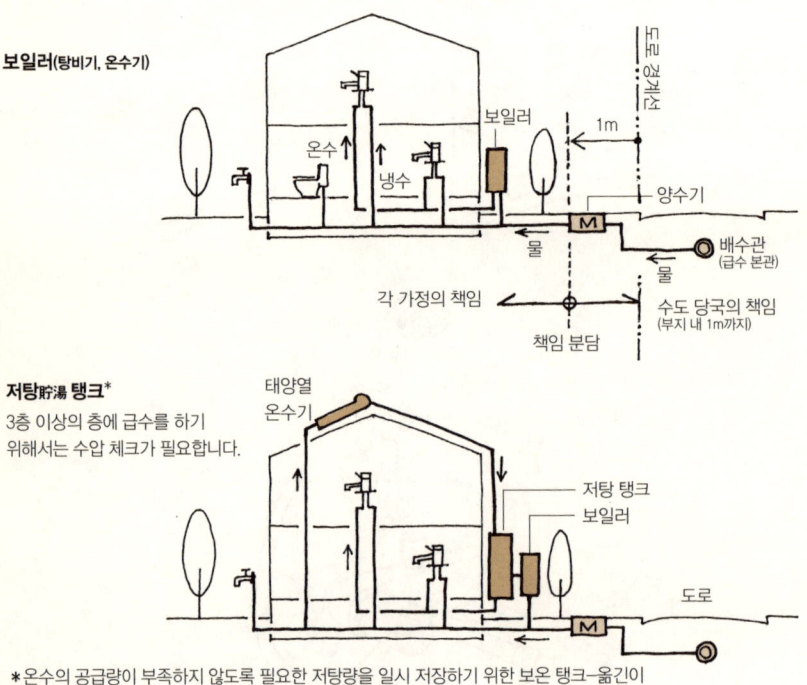

보일러(탕비기, 온수기)

저탕貯湯 탱크*
3층 이상의 층에 급수를 하기 위해서는 수압 체크가 필요합니다.

*온수의 공급량이 부족하지 않도록 필요한 저탕량을 일시 저장하기 위한 보온 탱크—옮긴이

급탕순환방식

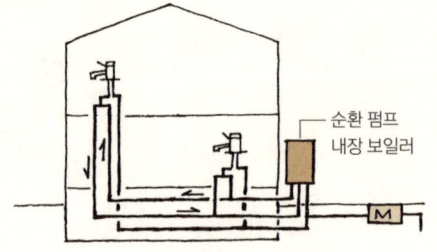

급탕하는 장소가 보일러에서 멀면 온수가 나올 때까지 시간이 걸립니다. 그 때문에 급탕관을 '더블 배관'으로 해서 온수를 항상 순환시키는 방법도 있습니다.

[사용을 마친 물은 분리되어 구분된다]

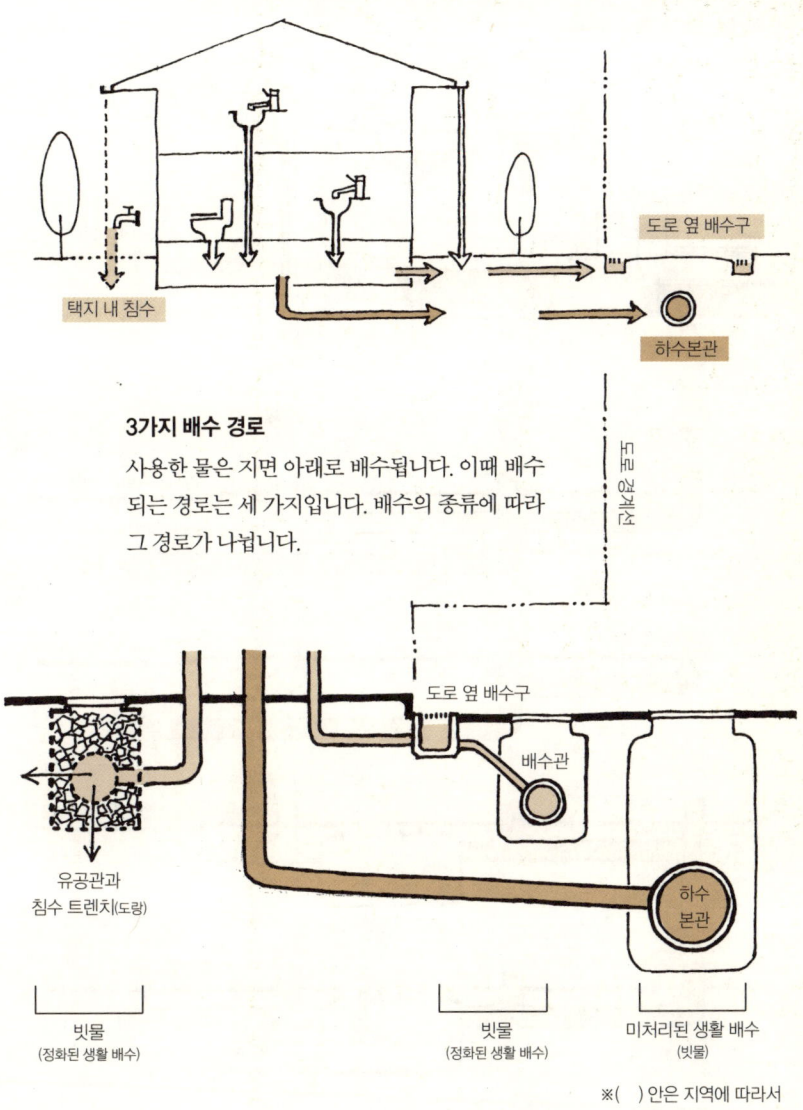

3가지 배수 경로

사용한 물은 지면 아래로 배수됩니다. 이때 배수되는 경로는 세 가지입니다. 배수의 종류에 따라 그 경로가 나뉩니다.

※ ( ) 안은 지역에 따라서

단, 모든 지역이 3종류의 경로가 완비된 것은 아니니 주의해야 합니다.

[지역에 따라 다른 배수 경로]

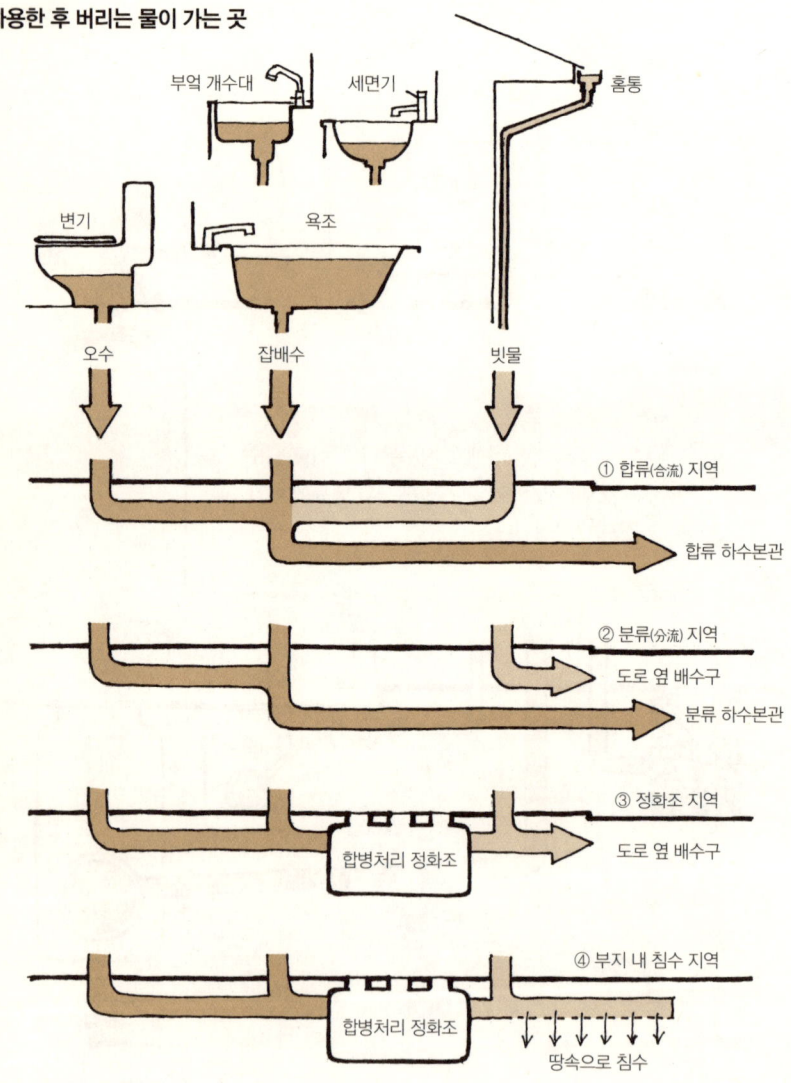

이 외에도 여러 종류가 있으나 어떤 종류든 배수 처리에 대해서는 각 지자체가 신중하게 대처하고 있습니다.

[배수되는 물의 악취는 배수되는 물로 막는다]

배수관을 그냥 방치하면 파이프에서 냄새가 올라옵니다. 그 냄새를 차단하기 위해 만들어진 것이 '배수 트랩'입니다. 세면기 아래쪽에 둥글게 휘어져 있는 것이 바로 그것입니다. 항상 제일 늦게 만들어진 배수를 일정량 가두어둠으로써 냄새를 막아줍니다. '독은 독으로 제압한다'는 것과 같은 이치입니다.

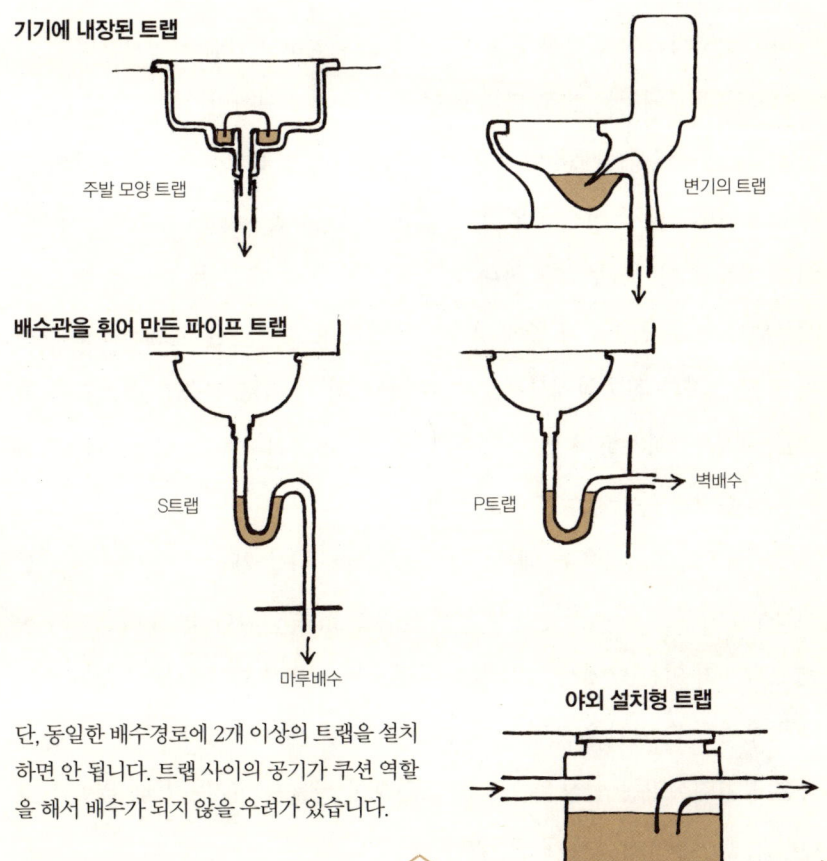

기기에 내장된 트랩
주발 모양 트랩
변기의 트랩

배수관을 휘어 만든 파이프 트랩
S트랩
P트랩
벽배수
마루배수

야외 설치형 트랩

단, 동일한 배수경로에 2개 이상의 트랩을 설치하면 안 됩니다. 트랩 사이의 공기가 쿠션 역할을 해서 배수가 되지 않을 우려가 있습니다.

그런 까닭에,
급수 및 배수, 위생 설비에 관련된 계획은 그 지역에서 사용하는 상하수도 방식을 사전에 알아두지 않으면 안 됩니다.

COLUMN 2

평범함에서 시작하라

대학 건축학과에 입학하자마자 신입생을 환영하는 합숙에 참가했다.

합숙하는 곳에서는 그룹 단위의 단체 행동이 원칙이었지만, 우리 그룹을 담당했던 4학년생이 무척이나 친절한 사람이라 밤늦게까지 신입생들의 기대와 불안에 귀를 기울여주었다. 훗날 그 4학년생을 학교에서 만났는데 "우리 아버지가 설계사무실을 하니까 언제든 시간 날 때 한번 놀러와."라고 말해주었다. 바로 친구들과 함께 찾아가 보았는데 그가 말한 '설계사무소'라는 곳은 '마스자와 건축설계사무소'였고, '아버지'가 바로 건축가 마스자와 마코토 씨였다. '최소한의 주거' 등으로 유명한 건축가이지만, 당시 나는 그가 그렇게 유명한 사람인 줄 모르고 있었다.

그때의 인연으로 2학년 때부터 3학년 때까지 나는 가끔 마스자와 씨의 설계사무소에서 모형 제작 등의 아르바이트를 할 수 있었다. 당시 마스자와 씨는 스태프가 있는 방에서 같이 일하지 않고 아래층에 있는 자택 서재에서 업무를 보며 무슨 일이 있으면 서재까지 스태프를 부르곤 했다. 그렇지만 성질 나쁜 옹고집이라는 인상은 조금도 없었으며 아들과 마찬가지로 우리 아르바이트생들에게 친절히 대해주었다.

건축 설계에 뜻이 있는 젊은이에게는 특히 잘해주었던 것 같다. 어느 날 "아버지 서재에서 차라도 마시지 않을래?" 하고 선배가 말해 쭈뼛거리며 서재에 들어가자 마스자와 씨가 무척이나 반갑게 맞아주었다. 긴장해서 쭈뼛거리고만 있는 내게 그는 여러 가지 질문을 던졌고, 잠깐이지만 화제가 당시 내가 하고 있던 설계 과제물에 이르자 그는 이렇게 물었다. "혹시 자넨 과제를 제출하는 마감 직전까지 최선을 다해 설계안을 찾는 타입 아닌가?"

나는 바로 "당연하죠." 하고 그때만큼은 가슴을 쫙 펴며 대답했다. 그러자 마스자와 씨는 다음과 같이 말했다.

"나는 비교적 빨리 평범한 설계안을 가지고 시작하는 걸 좋아하네. 그리고 그것을 시간을 들여 천천히 바꿔나가지. 그렇게 하더라도 자네가 마감 직전까지 지혜를 짜낸 플랜에 뒤지지 않을걸?"

당시에는 조금 놀림을 당한 기분이 들었지만, 막상 설계 과제물을 제출할 시간이 다가와 구체적인 형태로 그려야 할 순간이 닥치자, 마스자와 씨가 한 말이 현실화되었다. 마감 직전까지 필사적으로 뽑은 아이디어라 해도 막상 펜을 들자 좀처럼 이미지가 떠오르지 않았다.

이후 나는 마스자와 씨의 말을 좌우명으로 삼았다. 점점 다가오는 마감은 이것저것 생각한 끝에 드디어 결심을 하는 계기를 만들어주지만, '이것저것 생각하는 일'은 결정을 미루는 행동에 불과하다는 것을 깨달은 것이다.

그 좌우명은 실무를 하게 된 이후로도 항상 명심해왔지만 그대로 실천했냐고 묻는다면 꼭 그렇지도 못하다. 또 '평범한 시안에서 시작하라'는 말이 갖는 의미에 대해 다시 한 번 고개를 끄덕인 것은 대학에서 교편을 잡고 당시의 내 또래인 학생들에게 잘난 체하며 독려할 때였다.

"빨리빨리 마음을 정하는 게 어때? 마감시간을 못 맞추면 어떡하려고?"

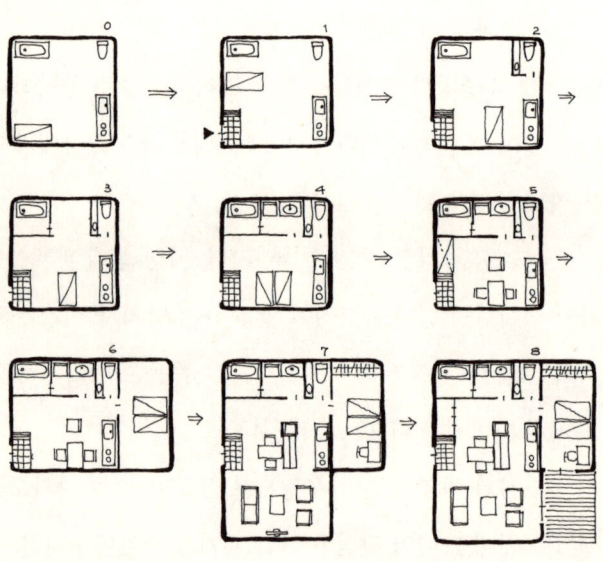

CHAPTER **2**

주거해부도감

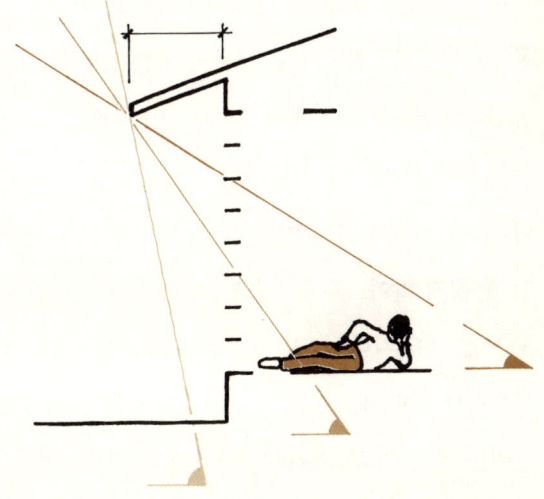

상자의 모양에는
의미가 있다

지붕과 처마
− 비가 오는 날은 우산을 든 것처럼, 비옷을 입은 것처럼

　비가 오면 우산을 들기 마련입니다. 왜냐하면 옷과 가방을 적시기 싫기 때문입니다. 그것 말고 이유는 아마도 없을 것입니다.

　건물에 왜 지붕이 달려 있을까요? 우산을 쓰는 이유와 마찬가지로 비를 맞지 않기 위해서입니다. 그렇게 생각하면 '지붕의 의미'도 대충 분명해집니다. 처마가 많이 나와 있는 지붕은 큰 우산을 든 것과 마찬가지이므로 외벽이 잘 젖지 않아 훼손도 적습니다. 단, 큰 우산은 번거롭다고 생각하는 사람도 있을 것입니다. 그럴 때는 비옷을 입은 것처럼 방수성이 뛰어난 재료를 사용하면 됩니다.

　어느 쪽이든 내리는 비는 아래쪽으로 계속 흘러내립니다. 그 흐름에 거스르지 않는 디자인이 필요합니다.

[지붕의 형태는 방수 성능이 결정]

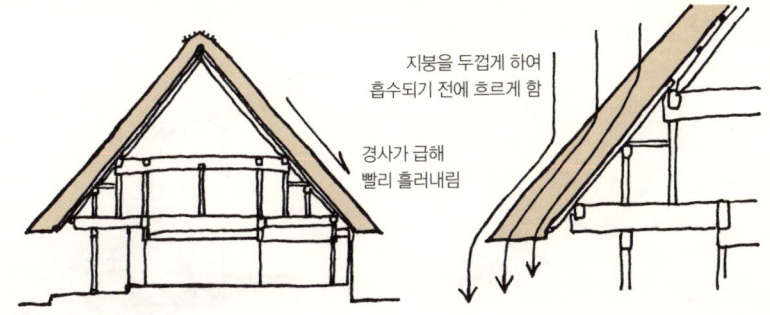

지붕이 급경사이고 두꺼운 이유

예전의 주택은 대부분 짚이나 억새 등을 사용해 지붕을 만들었습니다. 방수 성능은 그다지 뛰어나지 않은 소재지만, 지붕의 경사를 급하게 하거나 두껍게 함으로써 비가 내부로 스며들기 전에 처마까지 운반했습니다.

※지붕의 경사는 지붕의 소재가 가진 방수 성능과 반비례합니다.

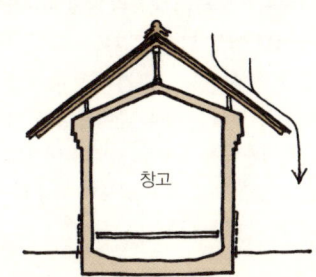

창고 지붕

오래된 창고를 보면 창고 벽 위에 가볍게 공중에 뜬 것처럼 지붕을 올린 경우도 있습니다. 그야말로 창고 위에 우산을 씌운 것 같은 모습입니다.

비옷과 마찬가지

소재의 혁신이 완만한 경사를 가능하게 함

최근에는 경사가 완만한 지붕이 많아졌습니다. 방수 성능이 좋은 소재가 등장한 덕분입니다. 부지에 여유가 없는 도시의 주택 등에서는 경사가 완만하고 처마가 많이 나오지 않은 작은 지붕을 자주 볼 수 있습니다. 이것은 지붕과 외벽에 충분한 방수 능력이 있기에 가능한 것입니다.

[비를 흘러내리게 하는 지붕의 모양]

지붕을 올리는 방법은 빗물을 어떤 식으로 흘러내리게 할까 하는 문제에서 시작됩니다.

박공지붕을 한 건물을 출입할 때

홈통 등이 없는 박공지붕(책을 엎어놓은 모양의 지붕 형식. 지붕이 양쪽으로 경사진 八자 모양이다)을 가진 건물인 경우, 비가 오는 날 정문으로 출입하려면 폭포 같은 비를 맞아야만 합니다.

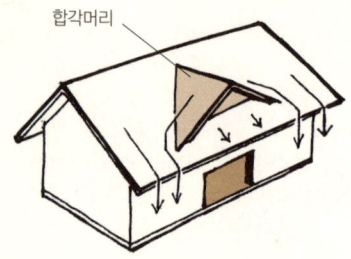

합각머리가 흐르는 빗물의 양을 줄여준다

그렇지만 입구 위에 합각머리를 설치하면 빗물은 양쪽 사면을 흐르기 때문에 바로 위에서 떨어지는 빗물은 무척 줄어듭니다. 지붕의 위치는 문의 위치 외에도 풍토나 역사적 유래에 따라 결정되는 경우도 있으며 단순히 물이 잘 흘러내리는 일에 충실한 경우도 있습니다.

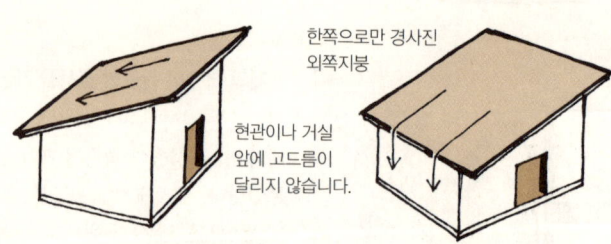

추운 지방에서는 지붕의 형태가 특히 중요

추운 지역에서는 얼어붙을 염려로 인해 홈통을 설치하지 않는 경우도 있습니다. 그런 경우는 특히 비가 오는 날 창문에서 보는 조망이며 지붕에서 떨어지는 눈이나 고드름 등을 고려하여 지붕 설치를 검토해야 합니다.

[홈통이 없는 멋진 지붕들]

홈통은 없지만 빗물 문제 등을 완벽하게 해결해낸 아름다운 건물이 전 세계에 있습니다.

유럽 알프스 지방의 샬레chalet
추녀가 길게 나온 박공지붕을 설치했다. 지붕의 방향뿐만 아니라 현관도 창문도 자동차도 햇빛이 비치는 곳에 위치.

호리우치 가문 주택(18세기 말)
나가노 현 시오지리 시
전형적인 박공지붕의 형태를 하고 있는 본당.

구舊 쇼덴인 서원(17세기)
아이치 현 이누야마 시 유라쿠엔 내
오다 유라쿠가 세운 서원. 입구 상부에 처마 끝이 부드럽고 기품 있게 돌출되어 있다.

숲 속의 집(1962)
요시무라 준조
비가 오는 날 실내에서 보이는 경치를 고려하여 설계했다.

[빗물은 벽에서도 분리되어 흐르게 할 것]

처마 끝의 역할은 빗물을 건물로부터 가능한 먼 곳에 떨어지게 하는 것입니다. 처마가 길면 길수록 외벽이 비에 젖을 위험은 줄어듭니다. 커다란 우산을 쓰면 잘 젖지 않는 것과 마찬가지 원리입니다. 이러한 사고방식은 경사가 매우 적은 평지붕(플랫 루프)도 마찬가지입니다. 평지붕은 빗물을 일단 배수관(루프 드레인)에 모아 처리하지만, 그런 경우 역시 가능한 외벽 바깥쪽으로 모으는 편이 보다 안전하다고 할 수 있습니다.

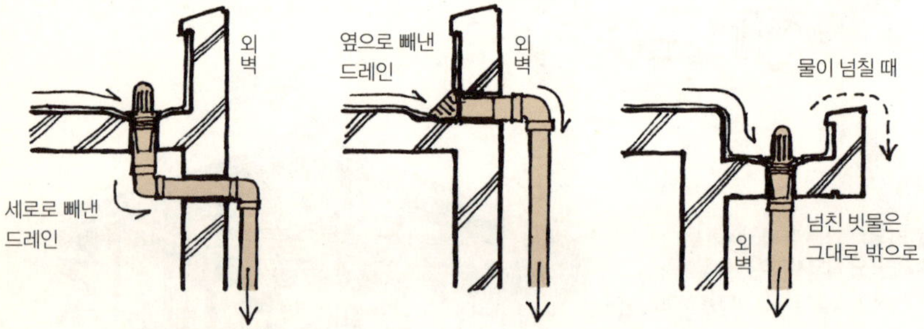

그리고 보니 근대 건축의 거장 르 코르뷔지에Le Corbusier 선생도 외벽에서 엄청나게 튀어나온 방수구를 붙인 적이 있었습니다!

롱샹 성당(1955)

흘러넘쳐도 괜찮게끔

그리고 빗물의 배수 경로는 '첫째, 만의 하나 막히는 경우까지 고려해서 여러 곳에 설치한다. 둘째, 대량의 빗물을 처리하지 못하고 넘치는 경우까지 고려해서 '물이 넘치는 경우의 대책'을 세운다' 이 두 가지가 중요합니다.

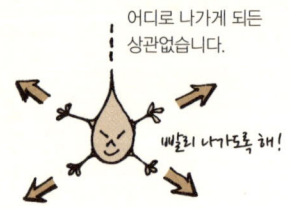

어디로 나가게 되든 상관없습니다.

빨리 나가도록 해!

[그냥 내버려둬도 OK!]

빗물을 배출하는 방법은 발코니 등도 마찬가지입니다. 일반적으로는 드레인 쪽으로 모은 뒤 홈통을 통해 배수되도록 하지만, 경우에 따라서는 발코니 끝에서 그냥 흘러나가도록 하는 편이 오히려 단순하고 안전하다고 생각합니다.

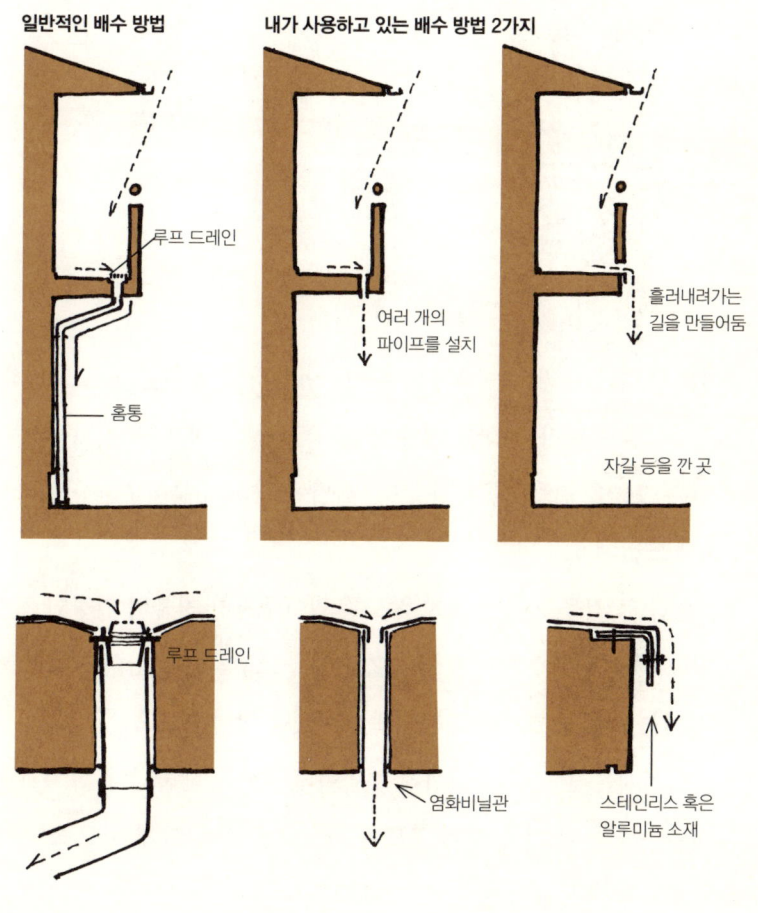

그런 까닭에,
지붕과 처마의 설계는 디자인의 검토와 동시에 빗물을 바로 처리할 수 있는 방법을 생각해야 합니다.

처마 밑
― 양산의 소중함을 아는 사람은 귀부인만이 아니다

〈양산을 쓴 여인〉
클로드 모네 작

   한여름 뜨겁게 내리쬐는 태양으로부터 아름다운 피부를 지키기 위해 여성들은 양산을 듭니다. 양산은 자외선을 차단해줄 뿐 아니라 직사광선을 차단해 작은 그늘을 만들어줍니다. 그런 까닭에 약하게 불어오는 산들바람도 시원하게 느끼게 해줍니다.
   지붕은 주로 건물을 비에 젖지 않도록 막아주지만 지붕의 연장인 처마는 비를 막는 것과 동시에 햇볕이 들어오는 양을 조절하는 양산의 역할을 합니다. 내리쬐는 햇빛이 뜨거운 여름철에는 햇빛을 막아주고, 눈이 내리는 추운 겨울날 아침에는 방 안 깊숙이까지 햇볕이 들어오게 해줍니다. 그렇기 때문에 사람들은 여름과 겨울 해의 고도가 다르다는 것을 알게 되고 또 처마의 고마움을 느낍니다.
   비가 오든 오지 않든 처마는 조용히 우리 인간에게 자연의 경이로움을 알려줍니다.

[처마가 가진 햇볕 조절 효과]

처마는 태양의 고도가 높은 여름에는 직사광선을 막아주고 태양의 고도가 낮은 겨울에는 햇볕을 들어오게 해줍니다.

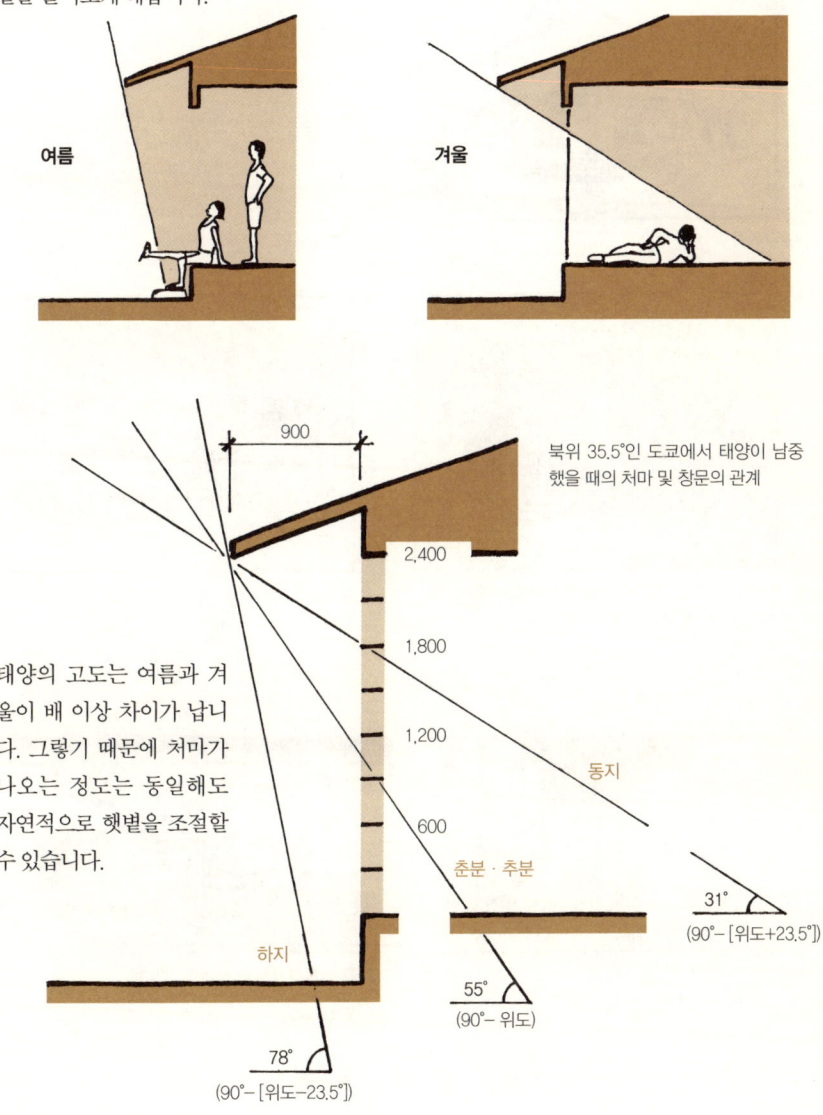

태양의 고도는 여름과 겨울이 배 이상 차이가 납니다. 그렇기 때문에 처마가 나오는 정도는 동일해도 자연적으로 햇볕을 조절할 수 있습니다.

북위 35.5°인 도쿄에서 태양이 남중했을 때의 처마 및 창문의 관계

[처마와 독립 기둥이 만드는 '반 외부 공간']

① 우리가 잘 아는 농가의 처마 밑

② 철근 콘크리트 구조와 움푹 들어가 있는 목제 창문 사이에 처마 밑 공간이 만들어져 있음

③ 창문을 완전히 열면 실내와 처마 밑, 또 야외까지 일거에 연속성을 가짐

④ 처마 밑에서 보는 풍경

⑤ 처마 밑 대청에서 밖을 내다볼 수 있음

처마 밑에는 독립 기둥이 잘 어울립니다.

[사람이 모이는 '처마 밑']

포치로 기능하는 처마 밑

눈을 피하기 위해 만들어진 회랑이 이어져 있음

※ ① 이토 가문 주택(17~18세기) : 가와사키시립 일본민가원 내
② ③ JOH(1966) : 스즈키 마코토
④ 가쓰라리큐 고쇼인(17세기) : 툇마루 모습
⑤ 간쿄(1965) : 호리구치 스테미
⑥ 나카야마미치의 여관 '쓰마고주쿠'의 고리짝
  : 나가노 현 나기소 마을
⑦ 다카다의 간기즈쿠리 : 니가타 현 조에쓰 시
⑧ 요코하마 모토마치 상점가 : 가나가와 현 요코하마 시
⑨ 오스페달레 델리 인노첸티(15세기)
  : 이탈리아 피렌체 필리포 브루넬레스키 Filippo Brunelleschi

1층 점포의 처마가 전부 연결된 상점가

대성당 광장에 접하고 있는 주랑

사람이 모이는 장소에는 줄기둥이 잘 어울립니다.

[폭이 넓은 처마 밑으로 더 많은 빛을!]

긴 처마는 무척 매력적이지만, 그 때문에 실내가 어두워지면 안 됩니다. 그러므로 아래와 같은 해결법은 어떨까요?

톱 라이트 설치
처마 위에 톱 라이트를 설치하여 실내에 빛을 들어오게 합니다.

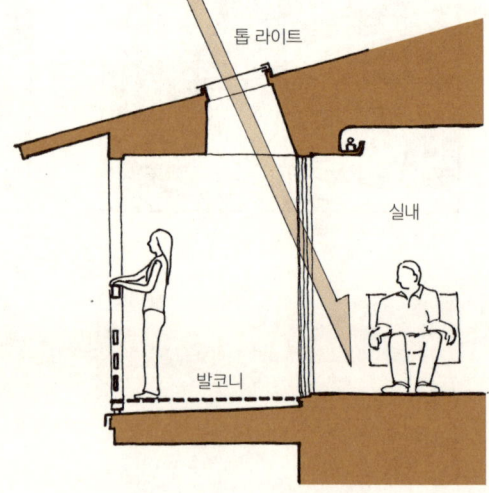

연못을 설치
처마 밑 툇마루 바로 옆에 연못이 있으면 이런 발상도 가능합니다.

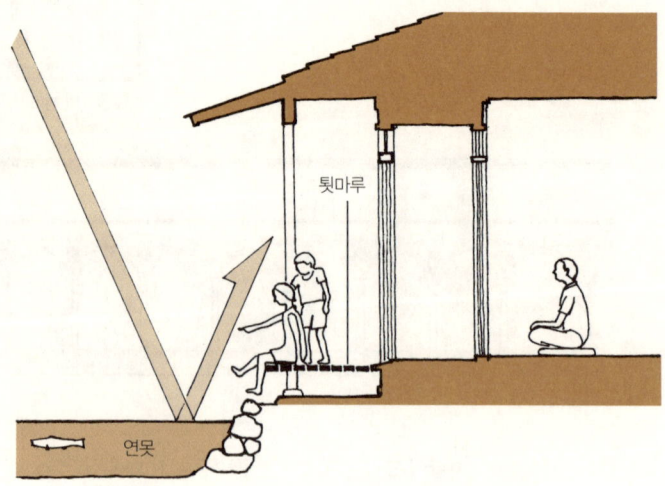

[처마 밑이, 또 하나의 방]

처마 밑 공간은 멋진 건축물이 될 수 있습니다. 다음은 '세이조학원 체육실'(마스자와 마코토)로, 주택은 아니지만 젊은 스포츠맨들의 일상생활 공간임에는 틀림이 없습니다.

간소한 소재와 철저히 계산된 간결한 단면이, 풍요로운 공간을 창출하고 있습니다.

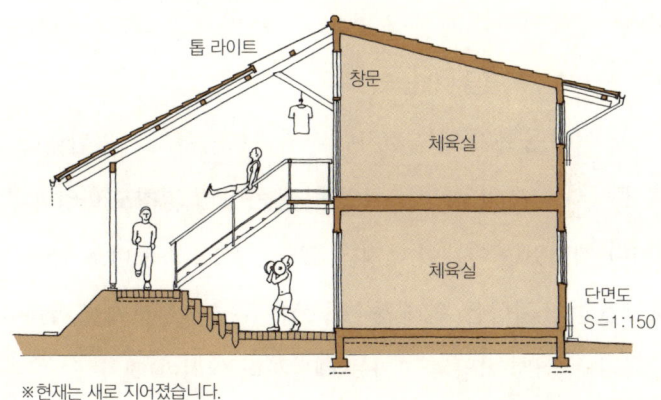

※현재는 새로 지어졌습니다.

그런 까닭에,
처마 밑 공간은 무한한 가능성을 가지고 있으며, 설계에 따라 풍요로운 공간을 만들 수 있습니다.

차양
― 창문 위에는 어떤 모자를 씌울까

　지붕·처마 등과 마찬가지로 건물을 비와 햇빛으로부터 지켜주는 존재가 차양입니다. 지붕을 우산이라고 하면 차양은 아마도 모자라고 할 수 있을까요? 여름날 밖에 외출할 때는 꼭 필요하고 비가 조금 내리는 경우도 모자만 있으면 비를 피할 수 있습니다.
　모자에도 여러 종류가 있는 것처럼 차양에도 종류가 다양합니다. 종류, 크기, 형태에 따라 수평 차양, 널대 차양, 눈썹 차양 등 명칭도 다양합니다.
　무척이나 재미있는 이름이 많지만, 그중에서도 창문 바로 위에 설치하는 작은 차양인 눈썹 차양은, 원래 장수가 쓰는 투구 일부분에서 이름이 유래되었다고 합니다. 역시 차양과 모자는 옛날부터 떼려야 뗄 수 없는 관계인 모양입니다.

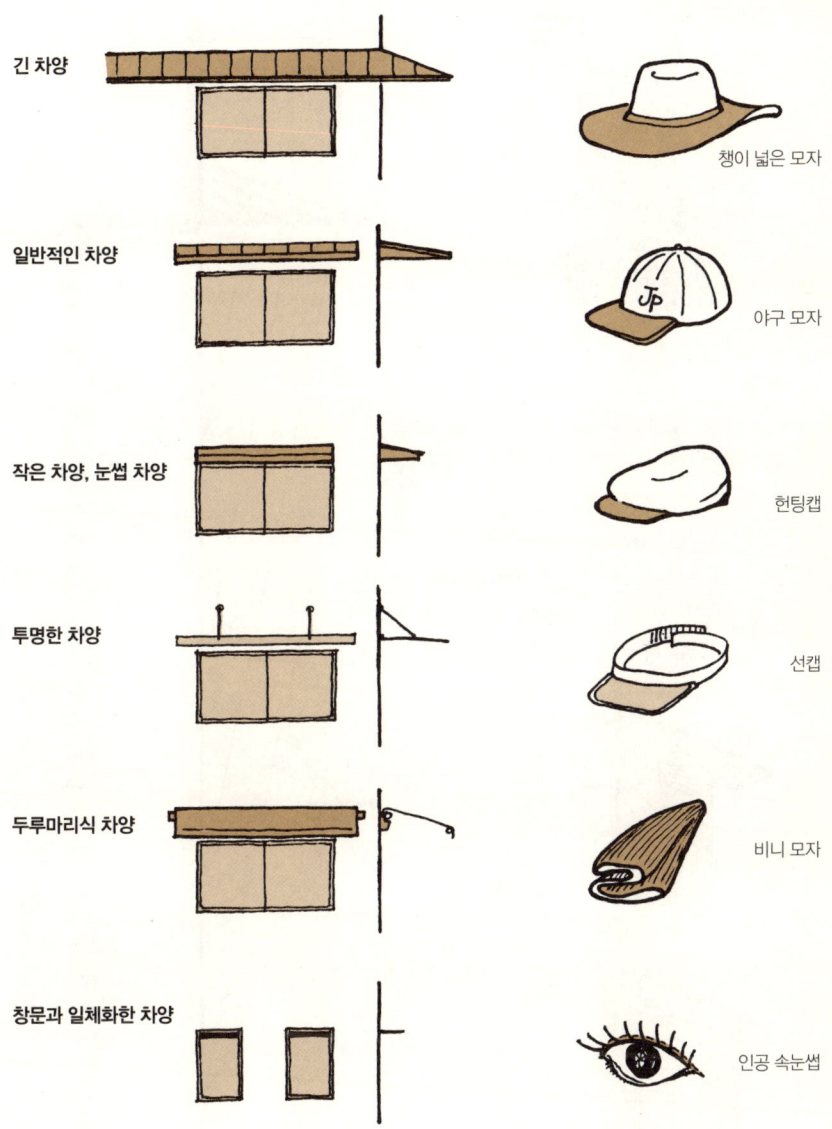

[작지만 의외로 큰 효과를 주는 차양]

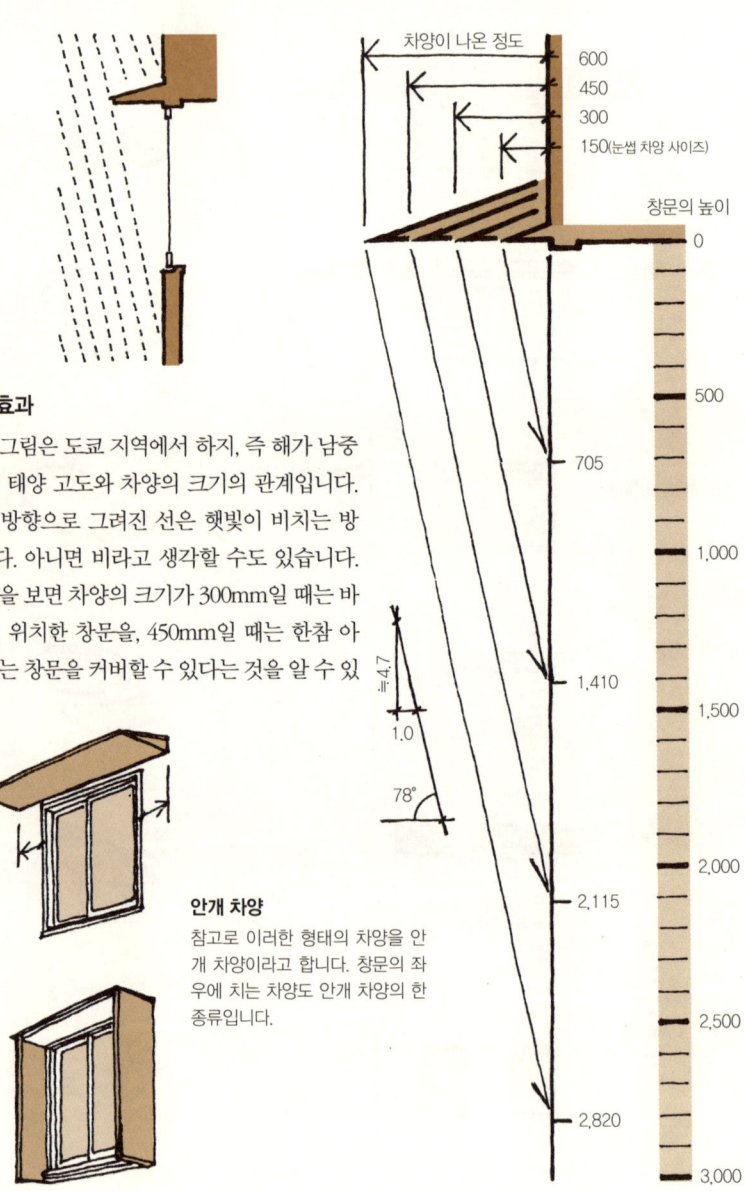

차양의 효과

오른쪽 그림은 도쿄 지역에서 하지, 즉 해가 남중할 때의 태양 고도와 차양의 크기의 관계입니다. 대각선 방향으로 그려진 선은 햇빛이 비치는 방향입니다. 아니면 비라고 생각할 수도 있습니다. 이 그림을 보면 차양의 크기가 300mm일 때는 바로 밑에 위치한 창문을, 450mm일 때는 한참 아래에 있는 창문을 커버할 수 있다는 것을 알 수 있습니다.

안개 차양

참고로 이러한 형태의 차양을 안개 차양이라고 합니다. 창문의 좌우에 치는 차양도 안개 차양의 한 종류입니다.

[차양과 처마를 다는 법]

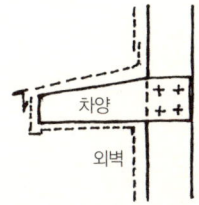

'벽에 차양을 단다'고 하면 무척 간단하게 들리지만, 의외로 구체적인 방법은 전문가들도 모르는 사람이 많습니다. 왼쪽 그림은 목재로 만든 가장 간단한 형태의 차양입니다. 벽에 직접 붙이는 방법이지만, 보는 바와 같이 크기에 한계가 있습니다. 시간이 지나면 처지기 때문입니다. 차양과 처마를 다는 방법을 몇 가지 살펴보겠습니다.

차양

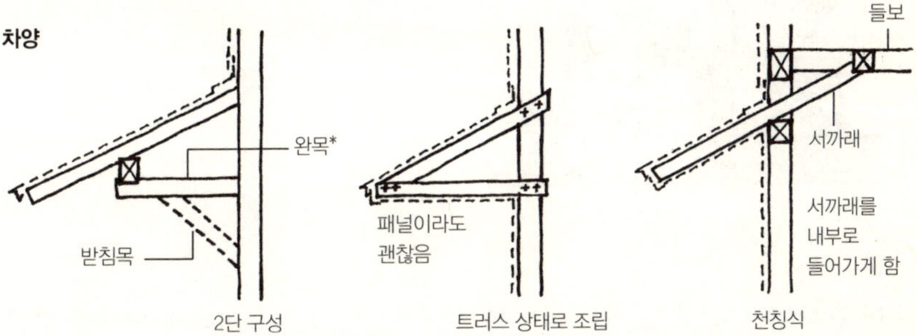

- 2단 구성 (완목*, 받침목)
- 트러스 상태로 조립 (패널이라도 괜찮음)
- 천칭식 (들보, 서까래, 서까래를 내부로 들어가게 함)

*완목: 한 끝을 기둥 등에 덧대고, 다른 끝은 도리 등을 받치기 위해 비스듬하게 돌출한 나무.

처마(지붕)

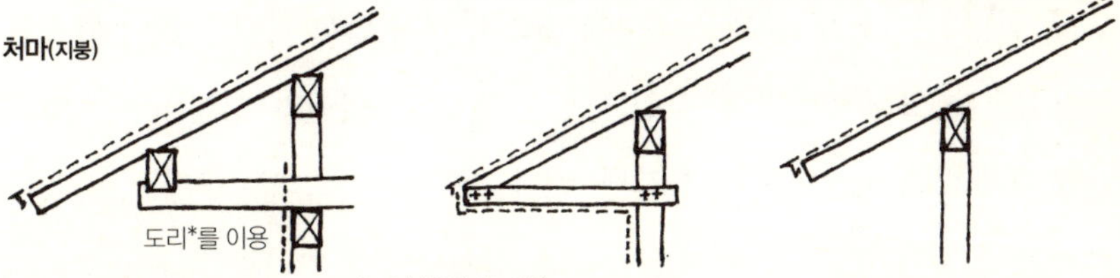

- 도리*를 이용

*도리: 서까래 밑에 대는 나무.

철근 콘크리트 구조인 경우

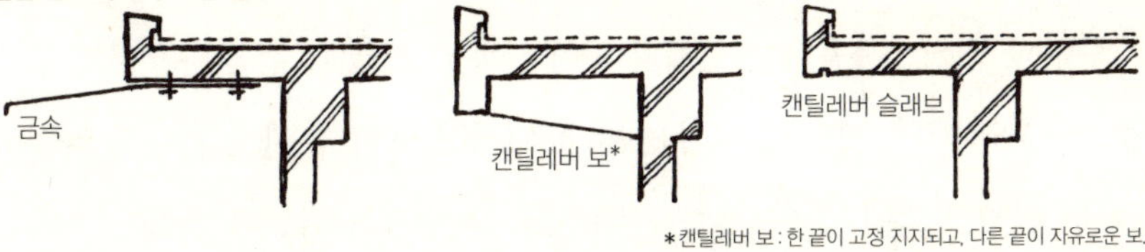

- 금속
- 캔틸레버 보*
- 캔틸레버 슬래브

*캔틸레버 보: 한 끝이 고정 지지되고, 다른 끝이 자유로운 보.

차양도 처마도 원리는 마찬가지. 물론 철근 콘크리트 구조일 때도 마찬가지입니다.

그런 까닭에,
창문 위에 작은 차양이라도 설치해두면 여러 면에서 좋습니다.

벽과 구멍 만들기
– 벽에 구멍을 낼 것인가, 구멍을 벽으로 막을 것인가

　벽을 어떤 소재로 할 것인가의 문제는 건물주가 무척이나 집착하는 포인트 중 하나입니다. 또 창문을 어디에 내는가 역시 많은 의견 교환이 필요한 사안입니다. 그렇지만 그 전에 건물에서 벽이란 무엇인가, 창문이란 무엇인가에 대해 다시 한 번 생각해봅시다. 왠지 '창문은 벽에 내는 구멍'이라고 생각하기 쉽지만, 사실은 그렇지 않습니다. 실제 건물은 커다란 창문을 벽으로 막는 것처럼 만드는 경우가 오히려 많습니다.

　주택의 구조는 사용하는 소재의 차이로 목조, 철골조, 철근 콘크리트 구조 등으로 나눌 수 있지만, 그것과는 별개로 '가설 형식'에 따른 분류도 있습니다. 첫 번째가 벽이 메인이 되는 구조이고 두 번째는 기둥과 들보가 메인이 되는 구조입니다. 어느 형식을 채용할지에 따라 벽과 창문의 관계도 크게 달라집니다.

[척추동물과 갑각류]

생물에는 다양한 종류가 존재하지만, 인간이나 공룡 같은 척추동물과 게나 새우 같은 갑각류는 그 구성 원리가 무척 대조적입니다.

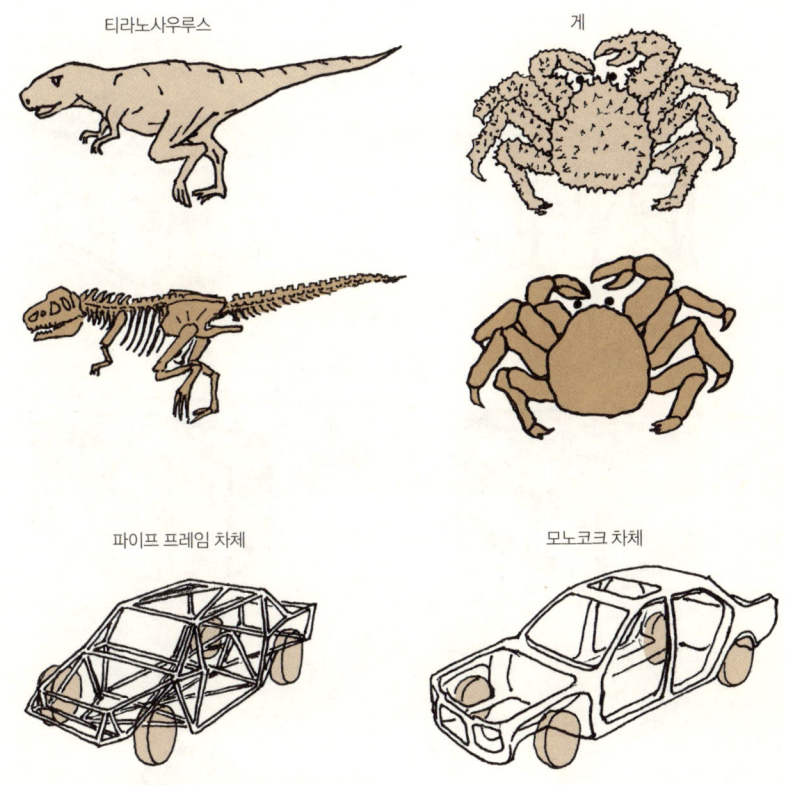

뼈인가 딱지인가

자동차의 차체에도 파이프 프레임(철이나 알루미늄 파이프재를 용접 등으로 결합한 구조) 몸체와 모노코크(몸체와 프레임이 하나로 되어 있는 차량 구조) 몸체라는 두 종류가 있습니다. 이 역시 동물과 마찬가지로 골격 주위에 외피가 있는가 아니면 신체를 덮는 껍데기 자체가 외피인가로 분류됩니다.

[어떻게 열 것인가? 어떻게 막을 것인가]

주택의 구조 역시 자동차처럼 파이프 프레임 구조와 모노코크 구조 두 종류로 나눌 수 있습니다.

기둥과 들보가 메인이 되는 구조
프레임(기둥과 들보)이 기본이 되는 구조체. 건물을 지을 때 그 사이를 어떻게 얼마만큼이나 막아 벽으로 할 것인가를 고려합니다.

벽이 메인이 되는 구조
상자 모양의 벽이 기본이 되는 구조체. 건물을 지을 때 그 벽의 어디를 얼마만큼이나 구멍을 내어 입구와 창문으로 할 것인가를 고려합니다.

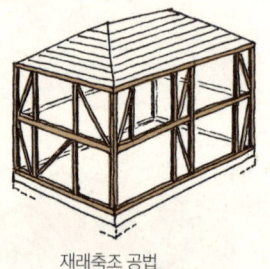
재래축조 공법

목조

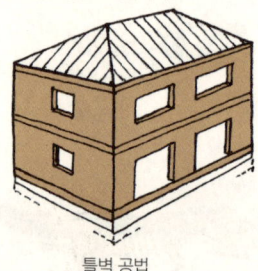
틀벽 공법

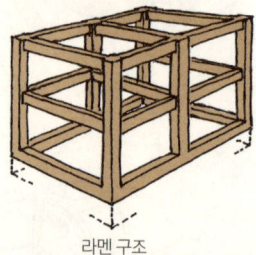
라멘 구조
: Rahmen (기둥과 들보를 이루는 철골이 연속적으로 강접합된 건축 구조 형식)

철근 콘크리트 구조

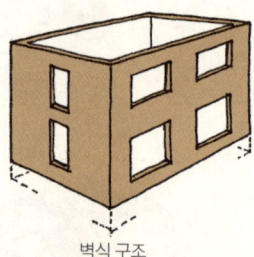
벽식 구조

막기!
벽은 건물의 진동을 막기 위해서라도 꼭 필요합니다.

열기!
창문이 없이는 살 수 없으니까요.

이처럼 구조와 공법의 차이는 벽과 창문·출입문의 존재 방식에 근본적으로 관련됩니다.

[구조는 외관에도 나타난다]

건축의 역사는 중력에 대한 도전의 역사라고도 할 수 있습니다. 아치의 발명이나 견고하고 가벼운 건물을 만드는 공법의 개발 등 건물의 모습 자체가 그 역사를 이야기해줍니다.

파르테논 신전(기원전 5세기)

호류사 대웅전(10세기)

콜로세움(1세기)

가쓰라리큐(17세기)

르 토로네 수도원(12세기)

일본의 농가

팔라초 메디치(15세기)

카사 델 파시오(1936)
주세페 테라니 Giuseppe Terragni

남프랑스의 농가

최소한 주거(1951)
마스자와 마코토

사이토 조교수의 집(1952)
세이케 기요시

뮐러 저택(1930)
아돌프 로스 Adolf Loos

빌라 쿠쿠(1957)
요시자카 다카마사

스미요시 연립주택(1976)
안도 다다오

그런 까닭에,
벽과 창문을 디자인하기 위해서는 구조와 공법도 함께 생각하지 않으면 안 됩니다.

창문과 출입문
― 건물의 구멍들은 왜 필요할까

　창을 비롯해 문, 배기구, 점검구 등 주택의 벽에는 안팎을 막론하고 많은 구멍이 나 있습니다. 건축용어로는 이를 총칭하여 '개구부'라고 합니다. 개부구의 대표선수라고 하면 창문이지만 창이라고 해도 사이즈와 형태 등에 따라 종류는 여러 가지로 나눌 수 있습니다. 개폐 방법에 따라서는 여닫이창, 미서기창*, 붙박이창 등으로 나눌 수 있고, 유리의 종류에 따라서는 투명유리창, 반투명유리창, 방범유리창 등이 있습니다.

　흔히들 '설계자가 개구부를 설계할 수 있으면 제몫을 하는 것'이라고 합니다. 그러나 그 첫걸음은 창과 문의 종류를 많이 아는 일이 아닙니다. '애당초 그 개구부는 왜 필요한가?'를 정리하는 것이 중요합니다. 그 결과 우리 앞에는 '일곱 개의 창'과 '여덟 개의 문'이 나타납니다.

---

* 미서기창은 2짝이나 4짝으로 만들어져 한쪽 창문을 열면 다른쪽 창문과 겹쳐지는 창문이다. 대부분의 창문이 이런 형식이다. 반면 미닫이창은 문이 한짝으로 되어 있어 문을 열면 문이 벽 속이나 벽 한쪽으로 들어가 완전히 열리는 창문이다.

[네 가지 목적]

개구부는 무엇을 위해 있는 것일까? 다시 한 번 정리해보겠습니다. 애당초 개구부의 목적은 무엇일까요?

통행
우선 사람은 누구나 '지나가고 싶다'고 생각합니다. 당연한 일입니다.

조망
창밖을 '보고 싶다', '바라보고 싶다', '확인하고 싶다'는 마음이 생기는 것도 당연한 일입니다.

채광
태양의 빛은 누구나 원합니다. 그렇지 않은가요?

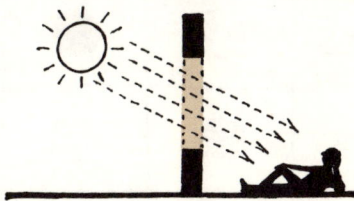

통풍
누구나 '바람을 쐬고 싶다', '바깥 소리를 듣고 싶다'고 생각하기 마련입니다.

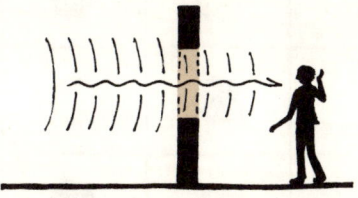

무엇을 통과시킬 것인가?

앞에서 언급한 네 가지 목적은 모두 '무엇을 통과시킬 것인가?' 하는 문제입니다. 그중 어떤 것에 '통과 허가'를 내어줄 것인지, 그것을 선택하고 조합하는 일이 다양한 개구부를 만드는 작업의 첫걸음입니다.

[일곱 가지 창문 형태]

여기에서는 구체적으로 창문에 대해 생각해보겠습니다. 창의 목적은 '조망', '채광', '통풍' 등 세 가지입니다. 이들을 조합하면 모두 여덟 종류의 형태가 완성됩니다. 단, H는 그저 벽에 불과하기 때문에 이를 제외하면 결국 창에는 일곱 가지 형태가 있다는 것을 알 수 있습니다.

조합도	조망	채광	통풍	형태
	○	○ PASS	○	A
	○	○	●	B
	○	●	○	C
	●	○	○	D
	○	●	●	E
	●	○	●	F
	●	●	○	G
창문 없음	●	● STOP	●	H

[다양하게 나눌 수 있지만, 역시 창문은 일곱 종류]

'조망' '채광' '통풍'을 실현하는 창의 모양이나 성질을 생각하다보면 그것들은 '위치' '투과성' '개폐 여부' 등 3가지 요소로 바꿀 수 있음을 알게 됩니다. 이 세 요소를 선택하면 일곱 가지 형태가 구체화되어 다양한 창이 나타나게 됩니다.

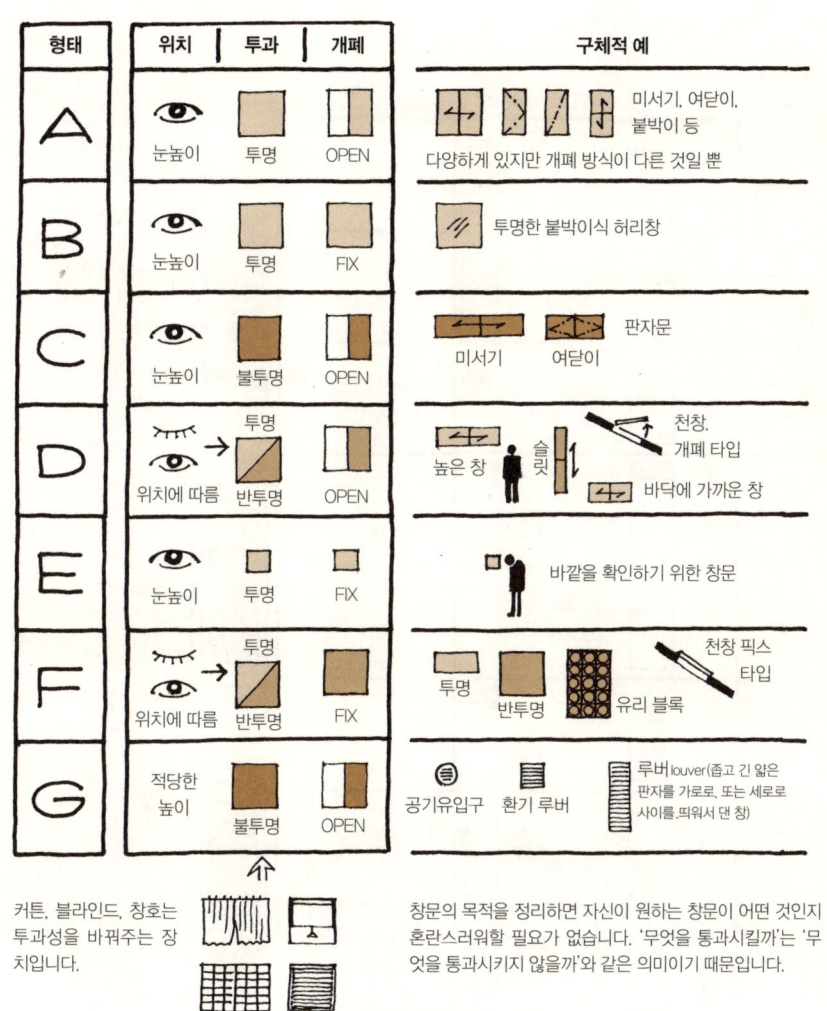

[여덟 가지 문]

다음은 문입니다. 문은 연 순간 무엇이든 지나가게 됩니다. 그 때문에 문의 모양은 닫은 상태의 문에 창문 모양을 조합해 다양하게 구체화시킵니다. 문은 '오로지 문'이라는 H 형태까지, 여덟 종류가 됩니다.

형태	구체적인 예 (여닫이 미닫이 구별 없음)	
A	투명 미닫이 유리 부착	투명 들창 조합
B	투명 FIX 유리 부착	투명 유리문 조합
C	내리는 판자창 부착	안쪽으로 미는 판자창 부착
D	미닫이 유리 교창 欠窓(천장과 문 사이에 통풍과 채광을 위해 가로로 길게 짜넣은 창)	FIX 유리 교창 / 통풍 루버
E	작은 창이 붙은 화장실 문	도어 아이 부착 현관문
F	반투명 유리문	FIX 유리 교창
G	하부에 통풍 루버	사이드에 통풍 루버
H	단순한 문	점검 구멍은 개구부인가?

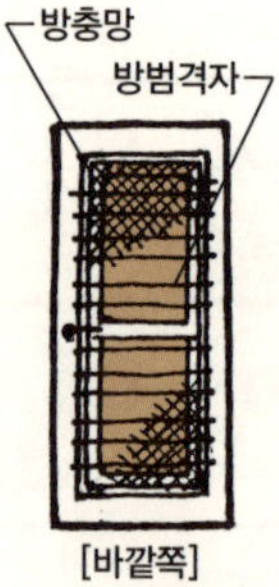

쪽문형 도어
최근에는 여러 가지 다양한 문이 나와 있습니다. 예를 들면 쪽문형 도어 같은 것도 있습니다.

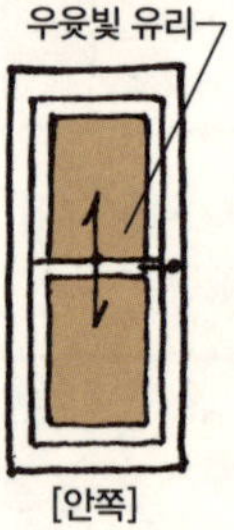

[바깥쪽] — 방충망, 방범격자

이 쪽문형 도어는 꽤 뛰어난 상품입니다. 문 중앙에 아래위로 올릴 수 있는 들창이 붙어 있어 문을 잠그고 있어도 통풍이 가능합니다.

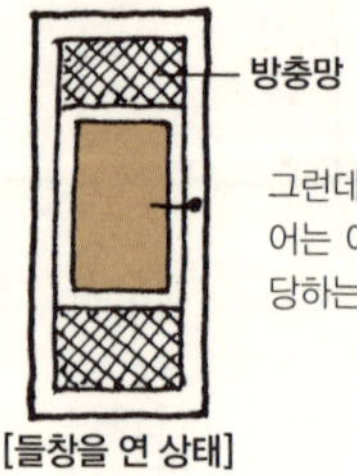

[안쪽] — 우윳빛 유리

그런데 이 쪽문형 도어는 어떤 형태에 해당하는 것일까요?

[들창을 연 상태] — 방충망

[형태의 조합]

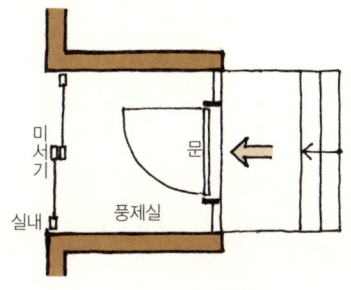

풍제실이라고 하는 지혜

"문은 연 순간 무엇이든 통과시키고 만다."고 앞에서 이야기했지만, 그래서는 곤란한 경우가 많습니다. 예를 들면 추운 지역의 출입구가 그렇습니다. 현관문을 여는 순간 외부의 차가운 공기가 들어오면 곤란합니다. 그래서 설치하는 것이 '풍제실'입니다. 두 개의 문을 조합해 개폐하는 시간차로 실내에 냉기가 들어오는 것을 방지합니다.

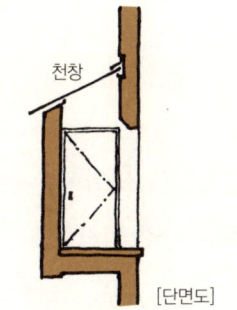

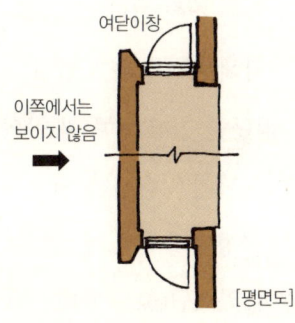

특이한 매력이 있는 돌출창

건축가라면 한 번은 만들어봤거나 혹은 만들고 싶다고 생각하는 것이 바로 돌출창입니다. 도로나 이웃 땅에 가까운 방의 창문은 밖에서 보일 수 있는 가능성이 있습니다. 그렇기 때문에 이 돌출창은 '채광'은 작은 천창에, '통풍'은 양쪽의 여닫이창에 맡기고 외부에서 보이지 않도록 합니다. '시 랜치Sea Ranch Condominium'의 설계 등으로 유명한 찰스 무어가 이런 형태의 돌출창을 유행시킨 선구자입니다.

그런 까닭에,
창문과 출입문의 설계는 '무엇을 통과시킬까'가 아닌 '무엇을 통과시키고 싶지 않은가'를 중심으로 생각하면 정리가 쉬워집니다.

단열과 통기
― 가야 할 것인가, 멈추어야 할 것인가. 공기는 항상 망설인다

　벽을 생각할 때 잊어서는 안 되는 것이 '단열'입니다. 단열이란 주택 내외부에서 일어나는 열의 이동을 막고 실내온도를 가능한 일정하게 유지하기 위해 반드시 필요합니다.
　현대 주택은 외부에 접하는 벽에 단열재를 사용하는 것이 거의 상식처럼 되었습니다. 동시에 주택용 단열재 종류는 짧은 역사에도 불구하고 현재 무수하게 많이 늘어났습니다. 잘 알려진 '내단열·외단열 논쟁'이며 벽 안의 결로 방지책 검토 등 단열재를 둘러싼 화젯거리는 끊이지 않습니다. 단열재 그 자체의 성능과 성질뿐 아니라 외벽의 방수성, 내구성까지 갖춘 새로운 제품이 계속 나오고 있습니다. '차라리 단열재 같은 게 없으면 좋을 텐데……' 하는 생각이 들 정도입니다.
　이렇게 복잡한 단열재이지만 그럴 때일수록 기본에 충실해야 합니다. 그런데 대체 '열'이란 무엇일까요?

[열과 기체]

열이란 무엇인가?

열은 이동하는 존재입니다. 이쪽에서 저쪽으로 계주 경기를 하는 것처럼 이동합니다. 단 바통은 없습니다. 열은 고체가 아니기 때문입니다.

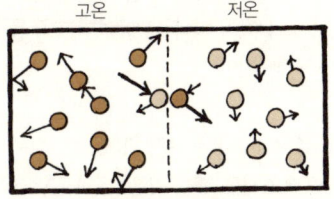

열은 물질을 구성하는 분자의 '상태'를 가리킵니다. 분자가 격렬하게 운동하거나 진동하면 고온, 얌전히 있으면 저온입니다.

격렬하게 움직이는 분자는 얌전한 분자와 부딪쳐 계속해서 그 세력을 확장합니다. 이것이 바로 '열의 이동'입니다.

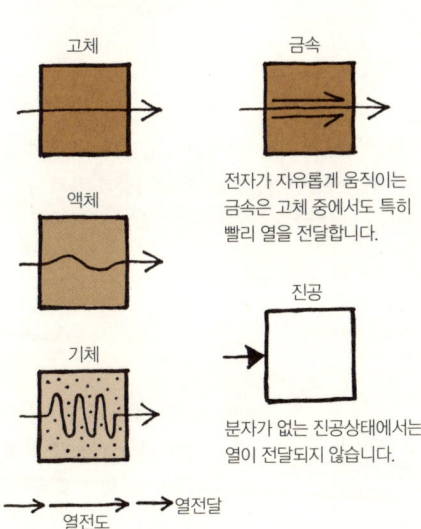

단열재=기체

열은 분자 간의 거리가 짧을수록(밀집되어 있으면) 빨리 전달되고 멀수록 늦게 전달됩니다. 물질의 상태별로 비교하면 고체는 분자 간 거리가 짧고 기체는 멉니다. 공기를 비롯한 기체가 '단열재'로 사용되는 것은 바로 이 때문입니다. 단열이란 열을 차단한다는 의미보다 열의 이동을 늦춘다는 의미입니다.

[기체와 단열재]

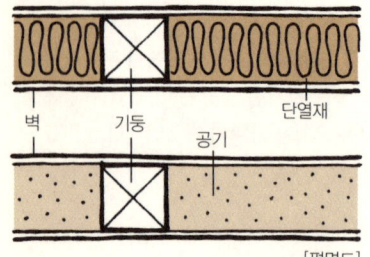

[평면도]

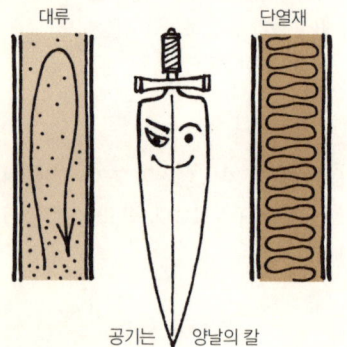

목조 주택의 벽 안에는 일반적으로 유리섬유를 솜처럼 만든 '글라스울'이라 부르는 단열재를 넣습니다. 그 이유를 사람들에게 물어보면 대부분은 '벽 안에 공기층을 만들기 위해'라고 대답합니다.

그렇지만 '단열재를 넣기 전부터 벽 안에 공기는 들어 있지 않냐'고 말하면 모두들 대답이 궁해집니다.

기체를 움직이지 않게 하기 위해

벽 안에 단열재를 넣는 것은 '공기를 움직이지 않게 하기 위해서 즉, 대류하지 않게 하기 위해서'입니다. 자유롭게 움직이는 기체는 '대류'를 일으켜 쉽게 열을 운반합니다. 단열재의 역할은 기체를 움직이지 않게 하는 것입니다.

공기를 구속하는 소재

글라스울만이 아닙니다. 공기를 구속하는 단열재는 다양한 종류가 있습니다. 각 소재의 성능은 구속력의 크기에 좌우되지만, 어떤 단열재를 사용할지는 시공의 편리함과 가격 등을 고려해서 결정합니다.

섬유계 단열재		목질 섬유, 동물 섬유 셀룰로이스 글라스울, 록울(암면)
발포계 단열재	연속기포	발포스티로폼 압출법 폴리스틸렌폼 경질 우레탄폼 페놀폼
	독립기포	

독립기포 타입은 대부분 공기가 아닌 가스를 봉인하고 있습니다. 또 기포에는 '연속'과 '독립' 양쪽이 혼합된 제품도 있습니다.

[벽안]

현재 목조 주택의 외벽 대부분은 내부가 다음과 같이 구성되어 있습니다.

시트를 삽입
기둥과 들보와 외벽 사이에 방수성과 투습성을 겸비하고 있는 시트를 끼웁니다.

이것은 비 등 물은 통과시키지 않지만 땀이나 수증기는 통과시키는 소재로 만들어진 아웃도어용 재킷과 비슷합니다.

단열재를 충전
벽 안에 단열재를 넣습니다(충전 단열의 경우).

이것은 재킷 아래 스웨터를 입는 것과 같습니다.

결로되지 않도록
단, 주택 안과 바깥의 온도 차이가 크면 결로가 발생하게 되어 단열재 안이 축축하게 젖게 됩니다.

스웨터 안에서 흘린 땀이 외부로 다 배출되지 못하는 것과 같습니다

그런 이유로 벽 바깥쪽에 통기층을 만듭니다.

스웨터를 벗지 않더라도 코트 단추를 풀어 바람을 통하게 하는 것과 같습니다.

간단히 말하면 이런 식이지만 외벽, 통기층, 단열재, 내벽 등 일련의 순서가 모두 동일하지는 않습니다. 굳이 비유하자면 공기와 밀고 당기는 씨름을 하는 것과 비슷합니다.

[콘크리트 단열]

물론 철근 콘크리트 건물 역시 단열을 합니다.

"일정 이상의 두께가 되면 콘크리트에도 일정 정도의 단열 성능이 있다"고 말하는 사람도 있지만……

25mm 두께의 압출법 폴리스틸렌폼이나 15~20mm 두께의 경질 우레탄폼에 해당하는 콘크리트의 두께를 열관류율로 단순 비교해보면……

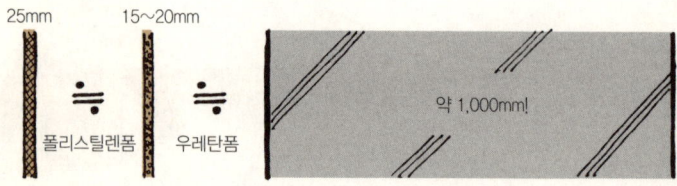

역시 콘크리트도 단열재와 세트로 생각할 필요가 있습니다. 콘크리트는 열을 축적하는 성질이 있기 때문에 한번 데워지면 계속 따뜻하지만 그 말을 바꾸면 덥히는 데에도 시간이 걸린다는 뜻입니다.

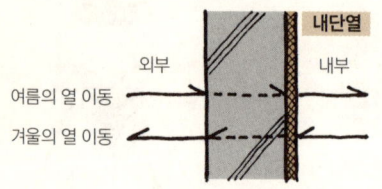

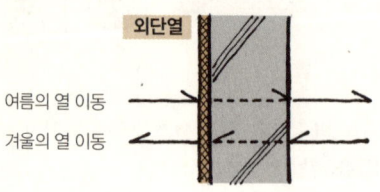

내단열로 할 것인가 외단열로 할 것인가?

단열재를 설치할 때는 단열재를 안쪽 혹은 바깥쪽에 넣게 되지만 여름과 겨울에 일어나는 열의 이동방향을 살펴보면 안쪽이든 바깥쪽이든 실질적으로는 같은 그림입니다. 따라서 벽 자체의 열관류라는 의미에 한정하면 내단열이든 외단열이든 차이를 논하는 것은 의미가 없습니다.

[내단열 · 외단열은 일장일단이 있다]

양자의 차이가 나타나는 것은 외벽과 내벽 혹은 외벽과 바닥 슬래브 등의 교점입니다. 내단열은 이 부분에서 단열재의 연속성이 끊어지므로 이 지점을 통해 열이 이동하고 맙니다.

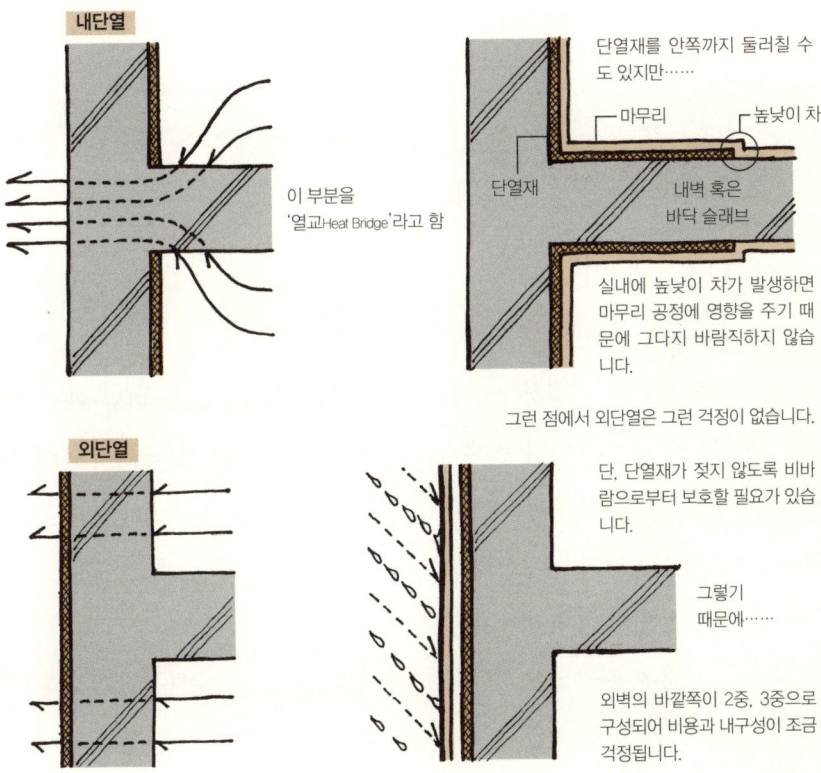

실내의 열 손실은 벽보다 개구부 쪽이 훨씬 큰 경우도 적지 않습니다. 너무 벽의 단열 성능에만 집착하다가는 '나무만 보고 숲을 보지 못하는' 상황이 될 수도 있습니다.

그런 까닭에,
목조든 철근 콘크리트 구조든 구조를 불문하고 단열 방법은 그 장점과 단점 모두를 잘 살펴야만 합니다.

통풍
– 촌스럽게 에어컨으로 풍경을 울릴 셈인가

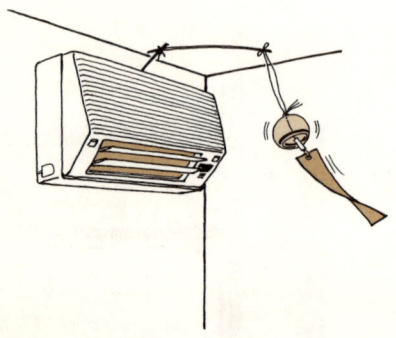

짤랑짤랑. 어디선가 풍경 소리가 들려옵니다. 한여름 작은 바람 한 점이 조그만 방울을 스쳐 지나면 우리 마음은 더없이 시원해집니다. 처마 쪽에서 불어온 자연의 바람이 살짝 피부를 스치는 순간은 어쩌면 현대인이 누릴 수 있는 최고의 사치인지도 모릅니다. 그도 그럴 것이 요즘 주택 안에서 느낄 수 있는 바람은 에어컨 바람이 대부분이니까요.

인간이 덥고 추운 것을 느끼는 온도를 '체감 온도'라고 합니다. 체감 온도는 실제 온도뿐만 아니라 습도, 기류, 일조량, 입은 의복 등 많은 요소가 영향을 줍니다. 그중에서도 습도와 바람의 속도가 크게 영향을 미치는데 집 안에서 이 두 가지의 조절을 맡고 있는 것이 '통풍'입니다. '실내에 바람을 통과하게 한다'는 뜻으로 이 역시 중요한 설계 항목 중 하나입니다.

[통풍은 환기 이상의 것을 한다]

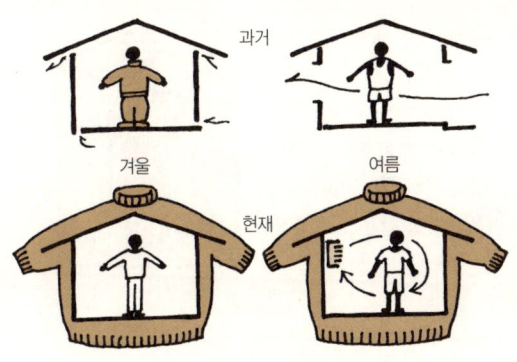

세상에 단열재 같은 것이 없었던 시대. 외풍이 심한 겨울에는 방 안에서도 두꺼운 옷을 입고 추위를 참는 수밖에 없었고, 반대로 여름철에는 창문을 활짝 열고 더위를 이기는 수밖에 없었습니다.

그렇지만 현대의 집은 일년 내내 단열재라고 하는 스웨터를 입게 되었습니다.

인공적인 환기

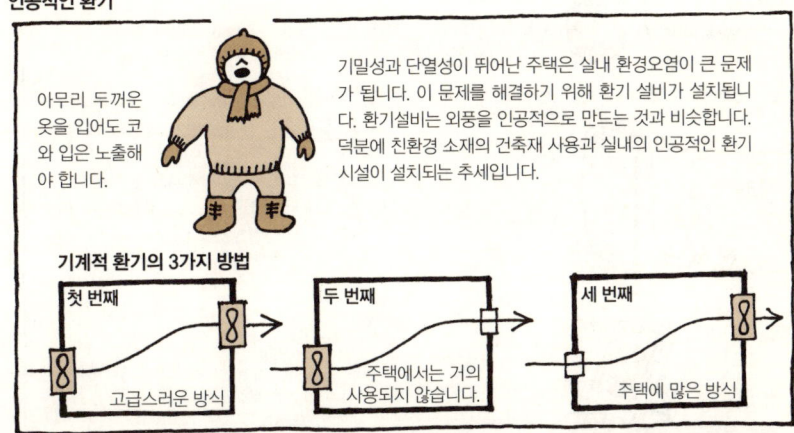

아무리 두꺼운 옷을 입어도 코와 입은 노출해야 합니다.

기밀성과 단열성이 뛰어난 주택은 실내 환경오염이 큰 문제가 됩니다. 이 문제를 해결하기 위해 환기 설비가 설치됩니다. 환기설비는 외풍을 인공적으로 만드는 것과 비슷합니다. 덕분에 친환경 소재의 건축재 사용과 실내의 인공적인 환기 시설이 설치되는 추세입니다.

통풍은 본능

우리는 본능적으로 실내의 자연적인 환기, '통풍'을 원합니다.

[통풍은 인체와 실내의 결로 대책]

신체 표면에서 수분이 증발하면 기화열을 빼앗겨 시원하게 느낍니다. 그러나 습도가 높으면 그렇게 되지 않기 때문에 사람은 불쾌감을 느낍니다. 수분이 땀이 되어 흐르면 불쾌감은 노여움으로 변하고요. 이때 주택의 실내에서도 저온부에서 같은 현상이 일어납니다. 바로 결로입니다.

결로

인공적인 제습

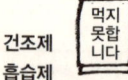
건조제
흡습제

실리카겔 등의
다공질 물질

조해성潮解性이 있는 화합물
(예를 들면 소금을 방치해놓으면 눅눅해진다.)

건조제의 사용 정도는 벽장의 크기에 따릅니다.

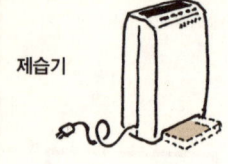
제습기

제습기는 에어컨의 실외기와 실내기를 합체시킨 것 같은 물건으로 쌍방에서 나오는 온풍과 냉풍을 혼합해서 분출합니다. 따라서 기계가 내는 열만큼 온도는 상승합니다.

에어컨
건조 모드

사실 이것은 '복잡한 냉방'입니다. 춥지 않도록 재가열하기도 하고 천천히 운전하기도 하는 등 일반적인 냉방을 할 때보다 전기세가 절약될 것 같지만 반드시 그렇지는 않습니다.

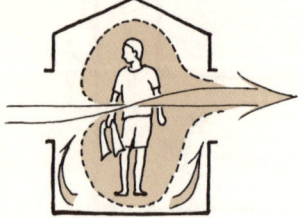

제습이나 결로 방지에도 통풍이 유효

습기를 제거하는 데도 통풍이 효과적이라는 사실을 경험적으로 알고 있습니다. 또 실내 온도가 어디나 일정하지는 않습니다. 온도를 균질화할 수 있다면 그것만으로도 상당한 결로 방지 효과가 예상됩니다.

[실내의 기류 순환]

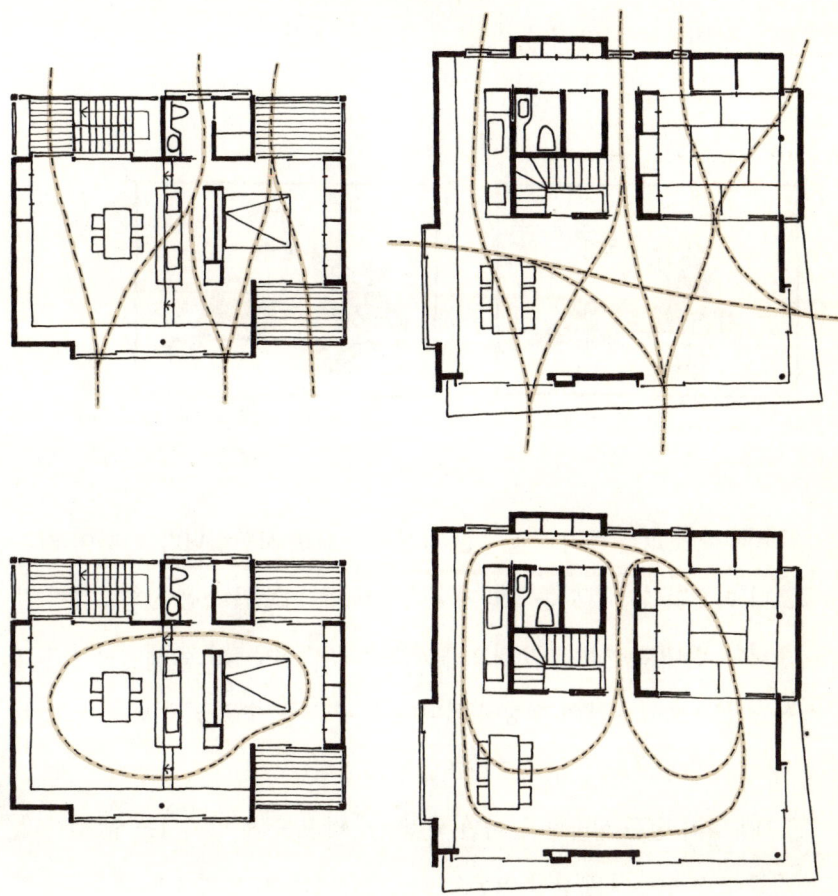

통풍은 창을 열지 않으면 불가능할 것 같지만, 반드시 그렇지만은 않습니다. 밀폐된 실내에서도 기류는 발생합니다. 마치 인간이 움직이는 것처럼 사람과 기류는 같은 길을 돌아다니는 것입니다.

그런 까닭에,
주택의 평면을 설계할 때는 바람이 지나가는 방식에 대해서도 고려해야 합니다.

소리
— 흡수하거나, 차단하거나, 울리게 하거나

주택에서 소리를 둘러싼 문제는 굉장히 민감한 사안입니다. 가까이 있는 도로나 이웃집에서 만드는 소리가 허용 범위를 넘으면 소음 문제로까지 발전합니다. 반대로 우리 집 오디오나 악기 소리가 이웃집으로 새어나가면 그 역시 소음으로서 분쟁의 대상이 됩니다. 불편을 줄 수도 있고 받을 수도 있는 두 가지 위험성을 항상 내포하고 있는 것입니다.

"그럼 벽의 방음 성능을 높이면 되잖아?" 하고 쉽게 말해서는 안 됩니다. 소리를 조절하는 일은 상상 이상으로 어렵습니다. 사실 방음은 '흡음'과 '차음'을 조합한 것입니다. 흡음과 차음은 다른 것이므로 '유공판'을 벽에 붙여 흡음을 하여도 차음은 되지 않아 소리가 외부로 빠져나가고 맙니다. 차음에는 질량이 큰 벽이 필요합니다.

왠지 이야기가 골치아픈 방향으로 흘러가는 듯하네요. 그렇다면 소리의 성질을 공을 던지는 것을 예로 들어 설명하겠습니다.

[소리라는 공을 던져보자]

소리의 진행 방법이나 반응은 '공을 던지는 일'에 비유할 수 있습니다.
예를 들면……

완벽한 흡음
바다를 향해 공을 던집니다. 두 번 다시 돌아오지 않습니다. 이것이 완벽한 흡음입니다.

강한 반사
단단하고 무거운 벽에 공을 던지면 그대로 튀어 나옵니다. 강한 반사는 특히 조심하십시오.

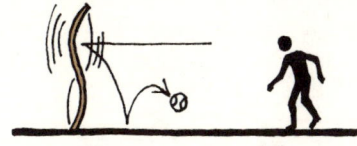

약한 반사
부드럽고 얇은 판자벽에 공을 던지면 힘없이 굴러서 되돌아옵니다. 이것이 약한 반사입니다.

흡음
부드럽고 푹신푹신한 벽에 공을 던지면 푹 들어가면서 돌아오지 않습니다. 이 역시 흡음입니다.

공을 던진 쪽의 이야기

벽과 소리의 관계는 위에서 본 것처럼 약 네 가지 패턴이 있습니다. 그러나 이것은 공을 던진 여러분에게만 일어나는 영향에 불과합니다. 벽 반대쪽에서는 어떤 일이 일어나는지 생각해 봅시다.

[방음 = 차음 + 흡음]

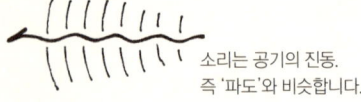 소리는 공기의 진동. 즉 '파도'와 비슷합니다.

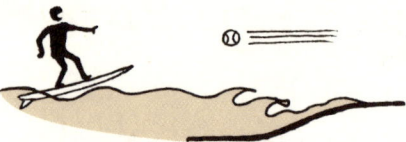

 콘크리트처럼 질량이 큰 벽에는 공기의 진동이 전달되기 어려우므로 소리는 '차음'됩니다(소리의 질량 측). 그 대신 소리의 반사는 커집니다.

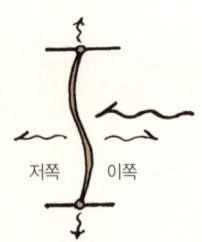 얇은 송판에 전해지는 파동의 경우, 주로 저주파는 흡수(흡음)되지만 나머지는 다시 이쪽과 저쪽으로 전달됩니다.

저쪽 이쪽

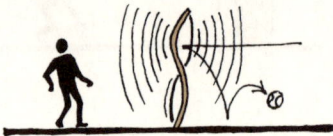

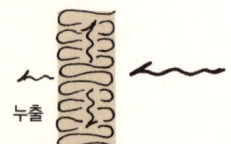 어떤 종류의 단열재처럼 연속 기포(다공질)에 전달된 파동은 주로 중·고음이 흡수(흡음)되고 열로 변합니다. 그렇다고 해서 저쪽에 투과되는 소리가 없느냐 하면 그렇지도 않습니다.

누출

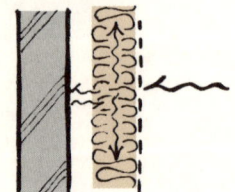 결국, 차음과 흡음 모두 일장일단이 있으므로 주택의 방음을 생각할 때는 차음과 흡음 모두를 조합해야 합니다.

일단 발생한 소리는 사라지지 않습니다(에너지 보존의 법칙). 소리는 방향과 형태를 바꿈으로써 조절하는 수밖에 없습니다.

[적절한 반사로 소리를 살린다]

재미없는 소리

집 안에서 악기를 연주하고 싶지만 이웃집에 폐를 끼치고 싶지 않아 벽에 차음과 흡음 시설을 했습니다. 그 시설을 너무 지나치게 하자 소리의 '반사'가 줄어들었습니다. 그리고 악기의 소리는 재미가 없어졌습니다.

남은 소리

악기를 연주하거나 오디오 기기를 재생할 때에는 적절한 반사음이 합성된 '잔향'이 필요합니다. 그 때문에 벽의 종류와 마감재를 조절한 방이 바로 '음악실'입니다. 일반적으로 현악기는 잔음이 필요합니다.

건반 악기나 성악은 그다지 잔향이 필요하지 않습니다. 그 때문에 커튼 등으로 더욱 세세한 조정을 반복합니다. ……소리를 컨트롤하는 것은 무척 어려운 일입니다.

그런 까닭에,
방음 계획이 필요할 때는 우선 '무엇을 위해 필요한 것인가?'를 확인하지 않으면 안 됩니다.

COLUMN 3

콘셉트란 전체가 완성된 후에야
비로소 나타나는 것이다

"우선 콘셉트를 결정할 것". 이 말은 설계시 흔히 듣는 말이다. 사실 'concept'라는 단어는 '개념'이라는 의미다. 잘못 알고 있는 사람도 많지만, 콘셉트를 '우선 결정하라'고 하는 말은 과정상 본말이 전도되어 있다. 개념이란 전체가 완성된 이후에 비로소 나타나는 것이기 때문이다.

원래는 이렇게 말하고 싶었을 것이다. "방침만 결정되면 계획과 그 계획을 구체화하는 일이 분명해진다. 그렇게 되면 작업은 물 흐르듯이 진행된다. 이제 전력투구해라. 혹시 작업이 생각대로 진행되지 않으면 그건 처음에 제대로 된 방침을 결정하지 않았기 때문이다."

필자는 반드시 그렇지만도 않다고 생각한다. 방침 같은 걸 결정하기 때문에 오히려 진도가 나가지 않는 것이다. 무엇인가를 결정할 때마다 계속해서 나타나는 갈림길. 오른쪽으로도 왼쪽으로도 가보고 싶겠지만 양쪽으로 가면 가랑이는 찢어진다. 그러나 설계나 디자인은 사실 '창조적인 행위'이기 전에 '버리는 결심'이기도 하다. 무엇인가를 성취하기 위해서는 다른 무엇인가를 깨끗하게 버리지 않으면 안 된다. CUT&GET. 물론 쉽지만은 않은 일이다. 미련이 남기 때문이다. 미련을 이기는 가장 좋은 방법이 '방침의 견지'다. 힘들게 결정한 방침을 뒤집는 일은 무척이나 어렵다. 그러나 그것조차 포함해서 CUT&GET을 적절히 실천해야 한다. 그러기 위해서라면 아무리

변심해도 상관없다. 설계란 진전을 확인하면서 변하기 때문이다.

그러니 걱정할 것이 없다. 콘셉트는 어차피 마지막에 결정되는 것이니까.

"역시 자넨 방침 A로 가야 했어!"

사흘 전 A에서 B로 방침을 변경하도록 지시한 상사가 다시 정반대의 지시를 내렸다. 하루 이틀도 아니고 사흘간이나 고생한 도면인데 말이다. 이런 젠장……. 어느 설계사무실에서나 쉽게 들을 수 있는 한탄이다. 줏대 없는 사원에 변덕쟁이 상사. 제도판을 붙잡고 있는 사원을 힐끗 한 번 보고는 어딘가 외출하고 온 뒤 갑작스러운 방침 변경. 회의를 할 때마다 저번 회의 때의 결정을 잊어버리는 모양이다. 게다가 전혀 미안한 모습도 없다.

유감스럽지만, 나는 당신을 동정하지 않는다. 당신이 모르는 것이 있기 때문이다.

당신은 '방침이 모든 것을 연출한다'고 배웠을 것이다. 사실 그 가르침부터 잘못된 것이다. 실무에서의 '방침'이란 '가결정'에 지나지 않는다. 실무를 견실한 작업의 축적이라고 생각한다면 그것은 착각이다. 설계 실무란 매우 다이내믹한 작업이기 때문이다. 당신은 상사의 분신이다. 지시를 기다리고만 있으니 그런 한숨이 나오는 것 아닌가? 상사 역시 예전엔 일개 사원이었다. 당신의 마음을 누구보다 잘 알고 있다.

절망할 필요가 없다! 상사가 헤매는 것은 당신이 있기에 가능한 일이다.

대지와 도로
— 대지는 도로에 매달려 있다

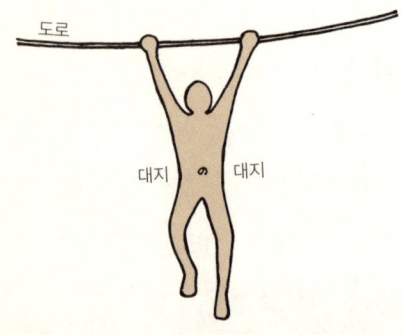

대지에 있어 생명선은 무엇일까를 생각해보면 역시 도로입니다. 사람과 자동차뿐만 아니라 상하수도, 전기, 가스, 쓰레기 등 도로가 없으면 아마 우리 생활은 성립되지 않을 것입니다. 그러므로 도로는 대지의 생명줄이라 해도 틀린 말은 아닐 것입니다.

사실 건축기준법에서는 도로에 접하고 있지 않는 대지에는 건물을 지을 수 없다고 규정되어 있습니다. 이렇듯 도로는 '당연히 그래야 할 모습'이 규정되어 있습니다. 바꿔 말하면 '생명줄의 안전기준'인 셈입니다. 그렇기 때문에 문제가 되는 것입니다. 하지만 도로의 '당연히 그래야 할 모습'과 '있는 그대로의 모습'은 맞지 않을 때가 있습니다. 이 문제를 해결하지 않으면 주택 설계는 시작조차 하지 못합니다.

[생명줄인 '도로'의 확보]

'도로'로 인정받는 절차

이 세상에는 누가 보아도 도로이지만 도로법상으로는 '도로'로 인정받지 못하는 길이 있습니다. 흔히 관습 도로라고 합니다. 건물을 짓기 위해서는 대지가 '도로'에 접해 있지 않으면 안 됩니다. 그러므로 도로법상으로 도로가 아닌 경우는 우선 그 길을 '도로'로 인정받는 절차를 밟는 일부터 시작해야 합니다.

도로 폭은 반드시 확보할 것

건축기준법은 건물을 짓는 데 필요한 도로 폭을 4m 이상으로 규정하고 있습니다. 도로에 따라서는 '인정 도로폭'을 포함하는 경우도 있습니다. 이러한 조건을 갖추지 못하는 도로는 건물을 지을 때 확장하지 않으면 안 됩니다.

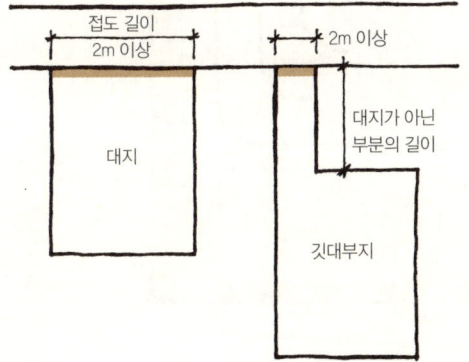

건폐율, 용적률은 도로 확장 뒤의 면적을 기준으로 산정합니다. 이때 용적률은 도로 폭과도 관련이 있으므로 주의해야 합니다.

붙잡는 방법은 다양

당연한 말이지만 생명줄은 단단히 붙잡고 놓치면 안 됩니다. 그러기 위한 규정이 도로와 접하는 '접도 길이'와 관련된 것입니다. 주택을 짓기 위해 필요한 접도의 길이는 최저 2m 이상입니다. 흔히 말하는 깃대부지*인 경우는 골목의 길이에 따라 건물의 규모에도 제한을 받습니다.

*막다른 골목 끝에 있는 부지. 이런 깃대부지는 다른 건물들로 둘러싸여 있어 채광이나 조망의 조건이 나쁘다.

[도로를 통해 출입하는 것들]

도로에서 대지로 출입하는 존재는 사람과 자동차만 있는 것이 아닙니다. 아래 그림은 일반적인 예이지만, 인체에 비유하면 순환기계, 소화기계, 신경계 등 없어서는 안 될 존재들이 가득합니다. 그야말로 생명줄인 셈입니다.

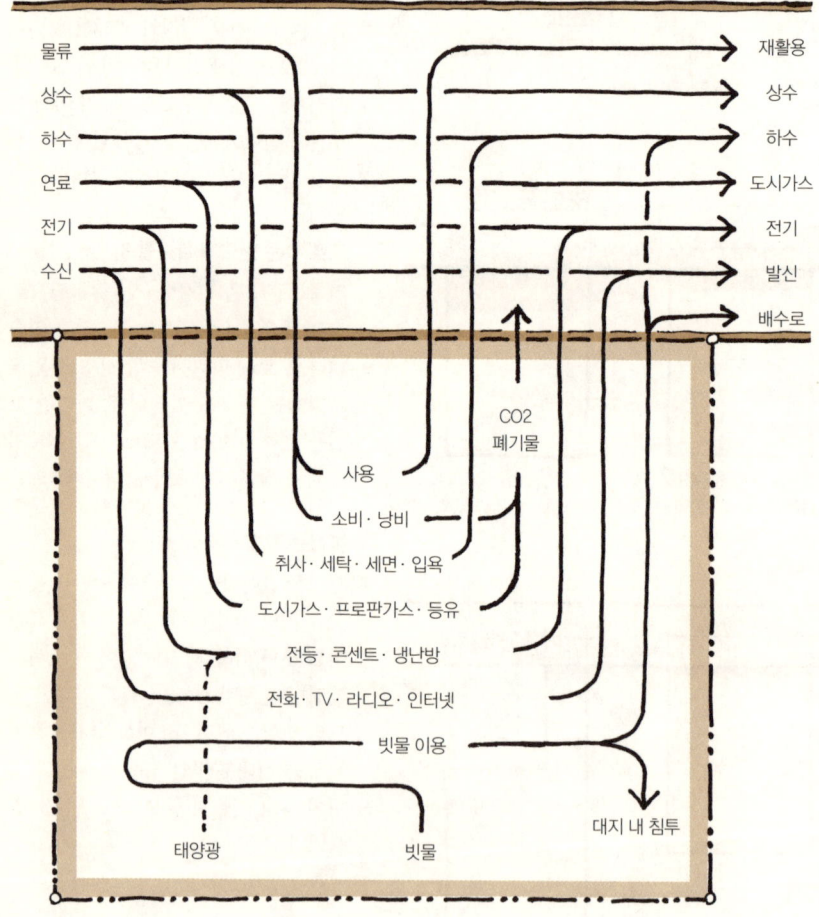

사실 이 그림은 몇 번이나 다시 그린 것입니다. 그리면 그릴수록 자꾸 새로운 요소들이 떠올랐기 때문입니다. 그리고 여전히 수정할 여지는 남아 있습니다. 자원 문제, 에너지 절약 문제 등 대지와 도로 사이에는 앞으로도 다양한 존재의 출입이 예상됩니다.

[도로변에서 점검되는 것들]

대지와 접하고 있는 도로변에서는 각종 점검이 이루어지고 있습니다. 그러기 위한 공간을 확보하는 일도 건축 설계의 일부입니다.

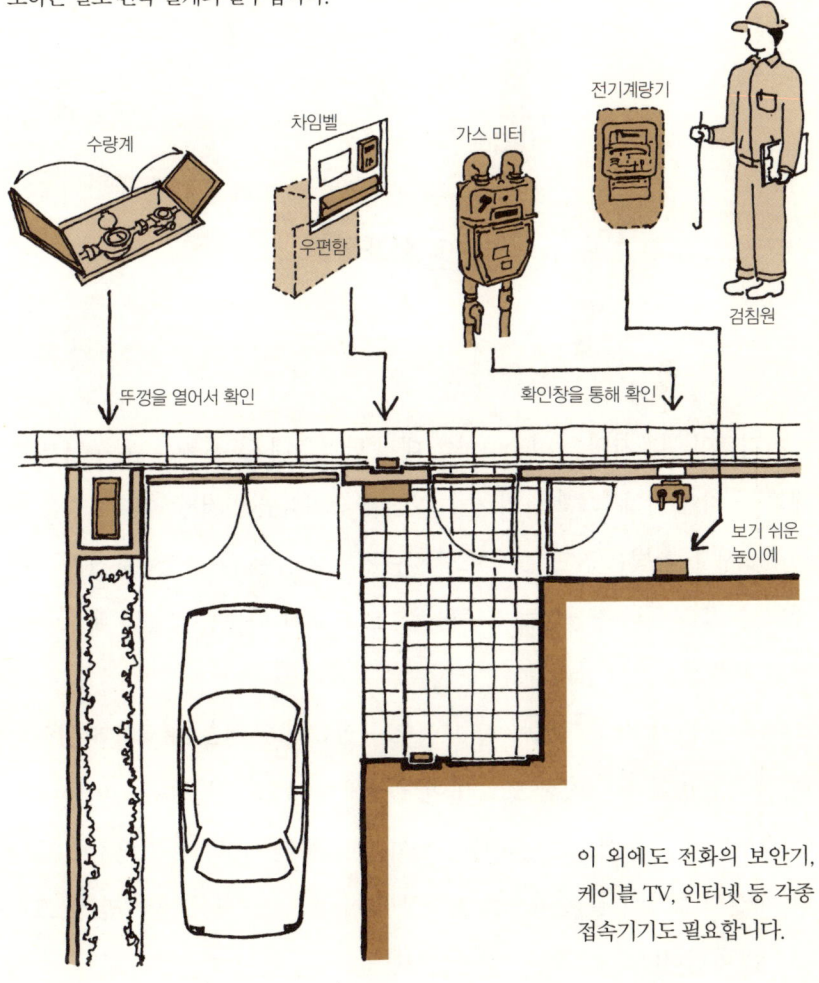

이 외에도 전화의 보안기, 케이블 TV, 인터넷 등 각종 접속기기도 필요합니다.

그런 까닭에,
도로에 대해서는 자세한 사전 조사가 꼭 필요합니다.

대지의 방위
– 대지의 방향은 도로가 결정한다

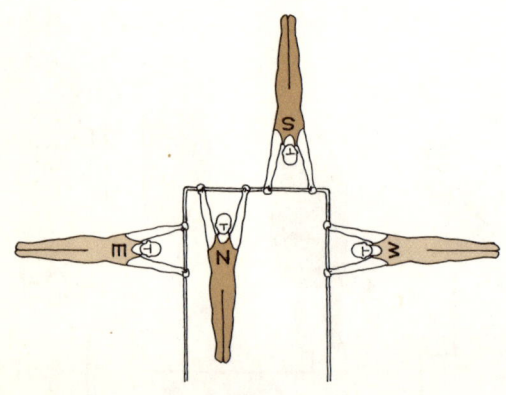

여러분이 설계자이든 건축주이든 대지 한가운데 서서 "자, 지금부터 여기에 집을 지을 거야!"라고 소리칠 수 있는 상황이라면 먼저 주변의 환경을 살펴주십시오. 햇빛은 잘 드는지 조망은 어떤지 소음은 없는지 이웃집과는 잘 지낼 수 있을지 하는 상황들을 종합적으로 판단한 다음에 건물의 배치나 방의 배치를 검토해야 합니다.

이때 한 가지 더 확인해야 할 포인트가 있습니다. 바로 대지의 방위입니다. 대지의 방위란 '인접한 도로가 어느 쪽에 붙어 있는가' 하는 의미입니다. 얼핏 햇빛이 잘 들어오는 남쪽에 도로가 있으면 좋을 것이라는 생각이 듭니다. 확실히 햇빛이 잘 들어오는 따뜻한 집이 좋으니까요. 그렇지만 꼭 그런 것만은 아닙니다.

[도로는 남쪽이 좋을까, 북쪽이 좋을까]

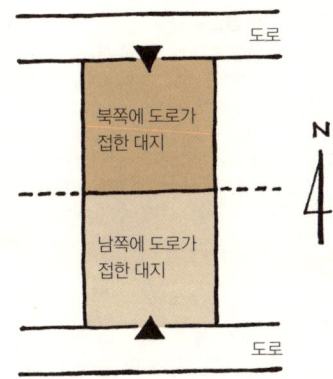

남쪽이 햇빛이 잘 들어오므로 유리?

대지와 도로의 위치 관계는 물건에 따라 다르지만 주택지 등으로 자주 비교되는 것은 접하는 도로가 남쪽인 것이 좋은가, 북쪽인 것이 좋은가 하는 문제입니다. 얼핏 생각하기엔 남쪽에 있으면 도로의 폭만큼 더 햇빛이 잘 들어올 것처럼 느껴집니다.

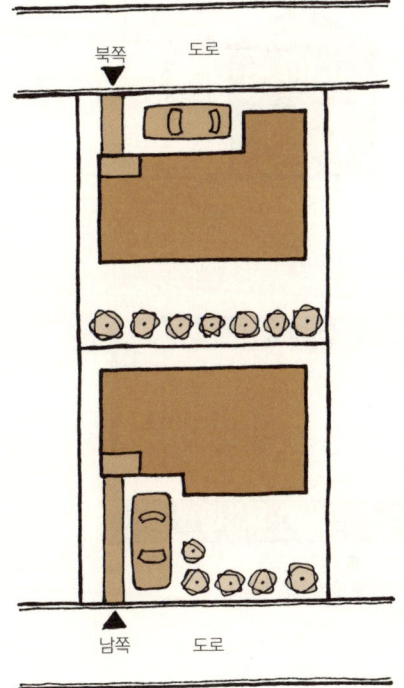

남쪽으로 도로가 접한 경우는 돼지 목에 진주가 될 수도

그러나 건물의 배치를 실제로 해보면 남쪽으로 접하는 경우가 반드시 유리한 것만은 아니라는 사실을 알게 됩니다.

예를 들어 현관이나 주차 공간은 대체로 도로에서 가까운 곳에 배치하기 때문에 거기에 맞춰 건물과 정원의 형태가 결정됩니다. 그런 이유로 밝은 남쪽에 있어도 햇빛을 제대로 활용하지 못하는 경우가 있습니다.

[북쪽이든 남쪽이든 거기서 거기]

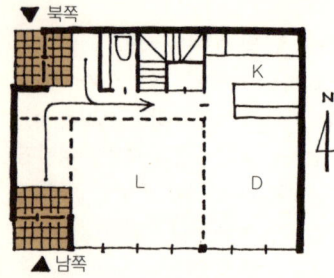

도로가 북쪽인 저택의 공간 활용

도로가 북쪽인가 남쪽인가가 건물 내부에 끼치는 영향을 살펴보겠습니다. 왼쪽 그림은 건물 1층의 배치도로 북쪽과 남쪽 두 군데에 현관을 그렸습니다.

일반적으로 복도나 계단, 물을 사용하는 공간은 북쪽의 어두운 쪽에 두고 거실이나 다이닝룸은 남쪽 밝은 공간에 배치하지만, 그림을 보면 북쪽에 현관이 있는 편이 공간의 낭비가 적고 무리 없이 공간 배치를 할 수 있을 것 같습니다.

도로가 북쪽인 주택의 제한 완화

또한 주거 지역에서는 북쪽으로 도로의 사선 제한(건축물의 높이가 전면 도로나 인접지 경계선으로부터의 거리에 따라 일정한 경사의 범위 내에 있어야 한다는 제한. 이는 일조, 채광, 통풍, 미관, 도시환경을 고려한 것이다.)을 두는 경우가 많습니다. 북쪽에 도로가 있는 경우 그 제한은 도로 반대쪽 혹은 중심까지도 후퇴해서 설정할 수 있습니다. 그 말은 북쪽에 도로가 있으면 사선 제한에 의한 영향이 적다는 뜻이 됩니다.

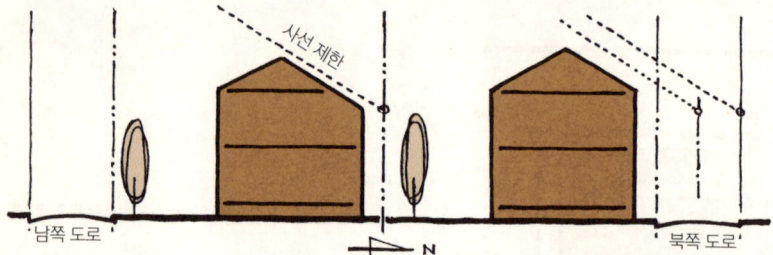

그러므로 남쪽에 도로가 있는 대지는 남쪽이 비어 있다는 혜택을 받는 한편 그 대가도 지불하지 않으면 안 된다는 사실을 알 수 있습니다. 그렇다면 도로가 남쪽에 있는 장점을 충분히 활용할 수 있도록 발상을 전환하면 됩니다.

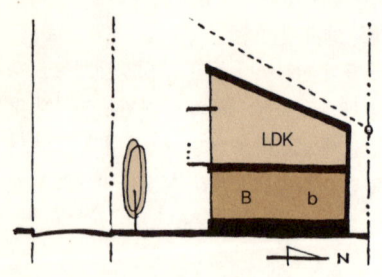
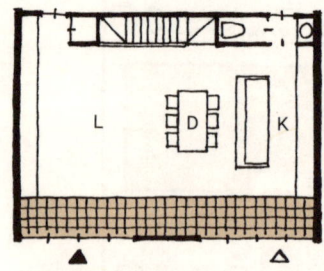

LDK(거실-다이닝룸-주방)를 2층으로

남쪽으로 햇빛이 잘 들어온다는 장점을 최대한 살리기 위해 거실과 다이닝룸을 2층에 두는 것도 좋습니다.

남쪽을 봉당식 일광욕실로

현관이나 복도 같은 고정관념을 버리고 남쪽을 봉당(안방과 건넌방 사이에 마루를 놓지 않고 흙바닥 그대로 둔 곳)식 일광욕실로 꾸미는 것은 어떨까요?

[도로가 남쪽인 대지에는 멋진 '북쪽 정원'을]

우리가 보는 것은 나무의 뒷모습

지금까지 '북쪽은 건물 남쪽엔 정원'이라는 전제로 이야기를 해왔습니다. 그러나 그것만으로도 괜찮은 것일까요? 어느 조경전문가의 말에 따르면 이렇습니다.

정원에 심어져 있는 나무는 해가 비치는 방향인 남쪽으로 잘 자랍니다. 그렇다는 말은 남쪽 정원에서 우리가 보는 것은 북쪽의 잘 자라지 못하는, 그러니까 '나무의 뒷모습'을 보고 있다는 말이 됩니다. 나무의 상태를 생각한다면 북쪽에 정원을 두는 것도 나쁘지 않을 것 같습니다.

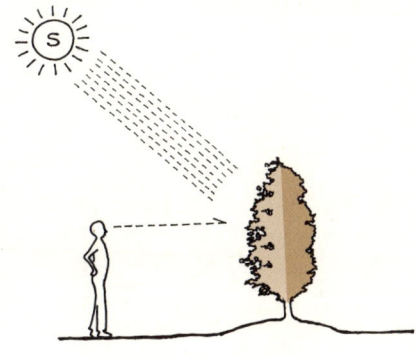

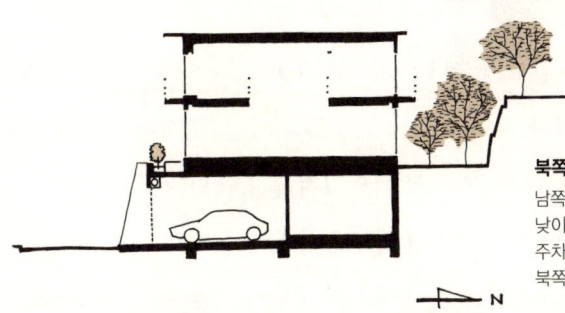

북쪽 정원도 OK

남쪽에 도로가 있는 대지라도 계단처럼 높낮이 차가 있는 곳이라면 지하에 설치할 주차장을 고려해, 건물을 남쪽에 배치하고 북쪽에 정원을 만드는 일은 자주 있습니다.

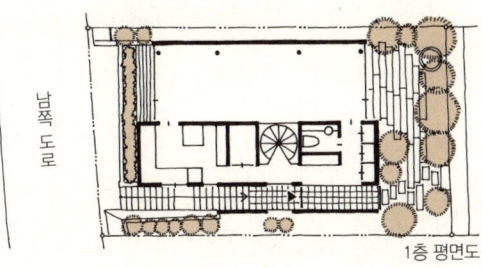

왼쪽 그림은 남쪽 도로에 접한 주택으로 남쪽에서 북쪽으로 가는 길목에 현관이 설치되어 있고 거실 및 다이닝룸이 남에서 북으로 이어지는 것을 알 수 있습니다. 또한 '북쪽 정원'을 꾸밀 수 있는 구성도 계획상으로는 충분히 가능합니다.

1층 평면도

그런 까닭에,
도로의 위치는 건물 내부의 배치까지 큰 영향을 미칩니다.

건물의 배치
– '루빈의 항아리'에 있는 두 사람

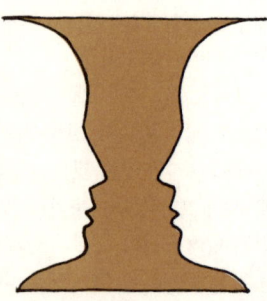

만약 넓은 초원에 작은 집을 짓는다면 하고 싶은 대로 마음대로 지어도 괜찮을 것입니다. 그러나 좁은 땅에 주택을 건설하는 이상 '한정된 대지에 어떻게 건물을 배치할까'라는 큰 문제에 맞닥뜨리지 않으면 안 됩니다. 햇빛이 비치는 방향이며 바람 방향, 이웃집과의 관계도 고려해야 합니다.

건물의 배치라는 말을 할 때면 반드시 떠오르는 것이 '루빈의 항아리'입니다. 보는 사람에 따라 항아리로 보이기도 하고 두 사람이 마주보는 것처럼 보이기도 하는 착시 현상의 대표적인 예입니다. 그런데 이 그림의 항아리 부분을 '그림'이라고 하고, 사람 부분을 '땅'이라고 하면 건물과 대지의 관계는 이 그림과 땅의 관계와 비슷합니다. 그림이 되는 건물과 땅이 되는 외부 공간 중에 어느 한쪽이 중요하다는 말은 아닙니다. 양쪽 모두 잘 구성되도록 해야만 절묘한 건물 배치가 되는 것이니까요. 그런데 이 두 사람, 이렇게 가까이 붙어 있어도 괜찮은 걸까요?

[이웃집과의 관계에도 매너가 필요]

주택 밀집지에서는 옆집과의 방향 관계를 설정할 때 고양이 두 마리가 어떤 모습으로 있는가를 떠올려보면 도움이 됩니다.

두 마리 고양이

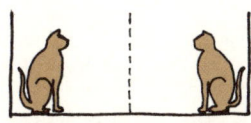 

고양이 두 마리가 서로 마주보고 있을 때는 충분히 거리를 유지합니다. 마찬가지로 큰 창문이 있는 쪽을 옆집으로 향하게 하는 경우는 어느 정도 거리가 필요합니다.

옆집을 향하는 쪽의 창문은 작게 하는 것이 매너로 이는 고양이가 등을 돌리고 있는 모습과 닮았습니다.

두 마리가 서로 등지고 있다면 가까이 있어도 문제는 발생하지 않습니다.

그렇지만 너무 가까이 마주보는 모습으로 있으면 일촉즉발의 상황이 벌어질지 모릅니다. 창문이 있어도 열지 못하는 것과 같습니다.

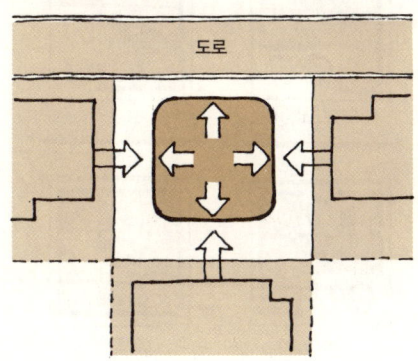

대지라고 하는 무언의 압력

이렇게 보면 대지는 이웃집으로부터 항상 무언의 압력을 받고 있으며 또 반대로 이웃집에 무언의 압력을 항상 주고 있다는 사실을 알 수 있습니다.

[건물 패턴을 아홉 개의 구역으로 생각하기]

예를 들면 대지 전체를 아홉 개 구역으로 나눕니다.

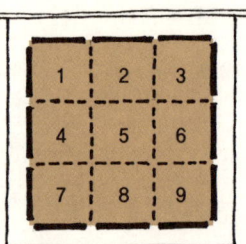

① 아홉 개 중 몇 개를 건물의 구역으로 하고 나머지를 외부 공간으로 한다면, 양자는 '그림과 땅' 관계를 창출합니다.

② 이때 옆집에 가까운 주변은 아마도 벽이 주체가 되고 창문이 작아지겠지만 다른 쪽은 창문이 커질 것입니다. 이를 하나의 규칙이라 하겠습니다.

③ 간단한 규칙이지만 건물의 배치와 외부 공간의 관계를 생각하는 퍼즐에서는, 다음과 같이 많은 패턴을 생각할 수 있습니다.

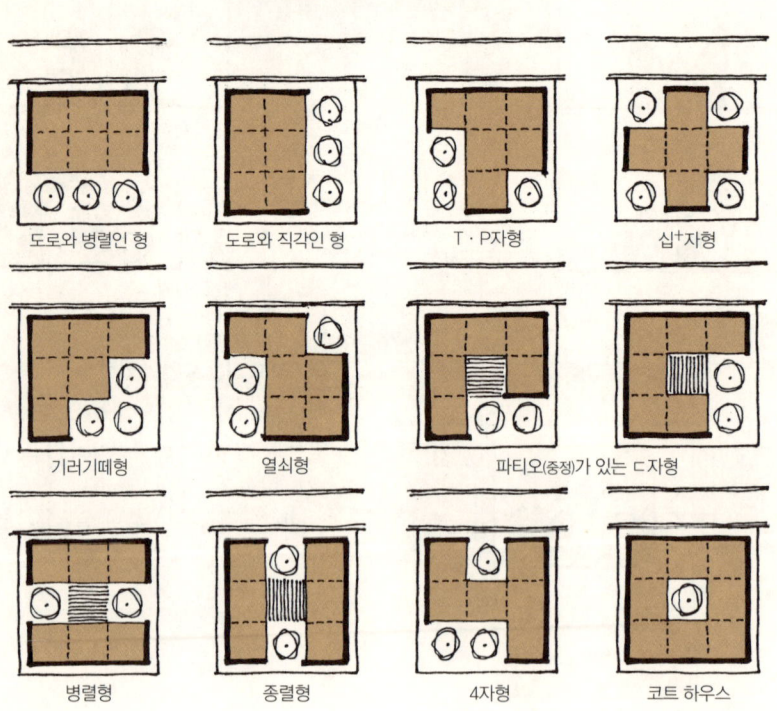

도로와 병렬인 형 / 도로와 직각인 형 / T·P자형 / 십자형

기러기떼형 / 열쇠형 / 파티오(중정)가 있는 ㄷ자형 /

병렬형 / 종렬형 / 4자형 / 코트 하우스

[퍼즐이 거리를 만든다]

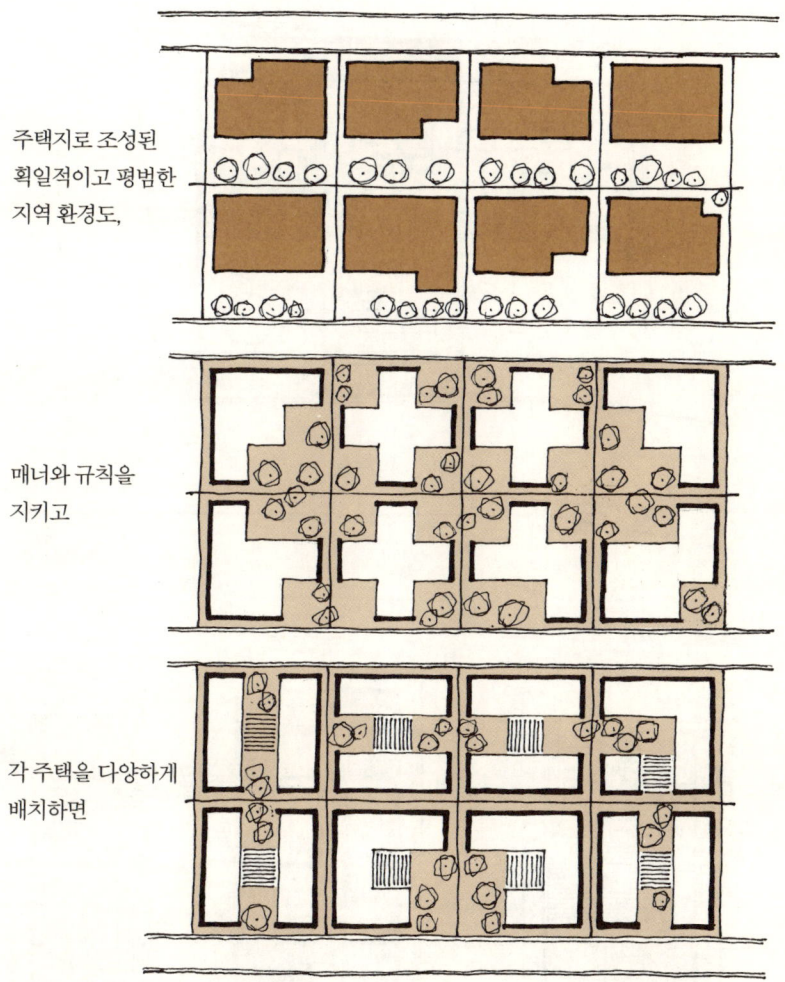

주택지로 조성된 획일적이고 평범한 지역 환경도,

매너와 규칙을 지키고

각 주택을 다양하게 배치하면

어느 사이엔가 아름다운 거리로 변하는 일이 꿈만은 아닙니다.

[정원을 꼭 남쪽에 배치할 필요는 없다]

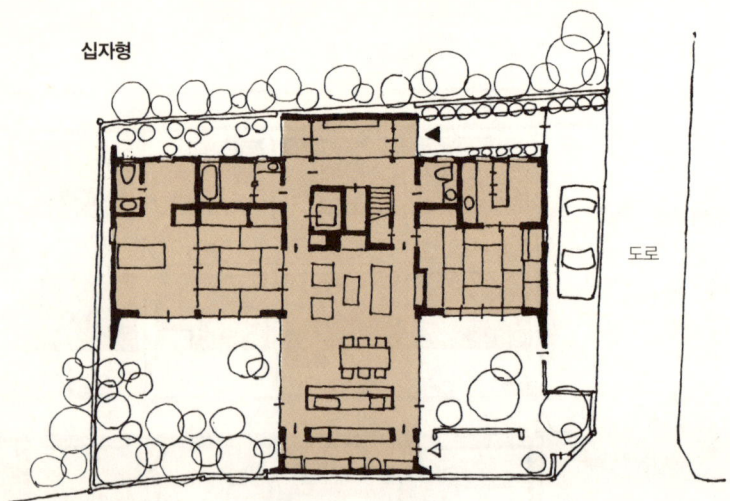

십자형

도로

간선도로

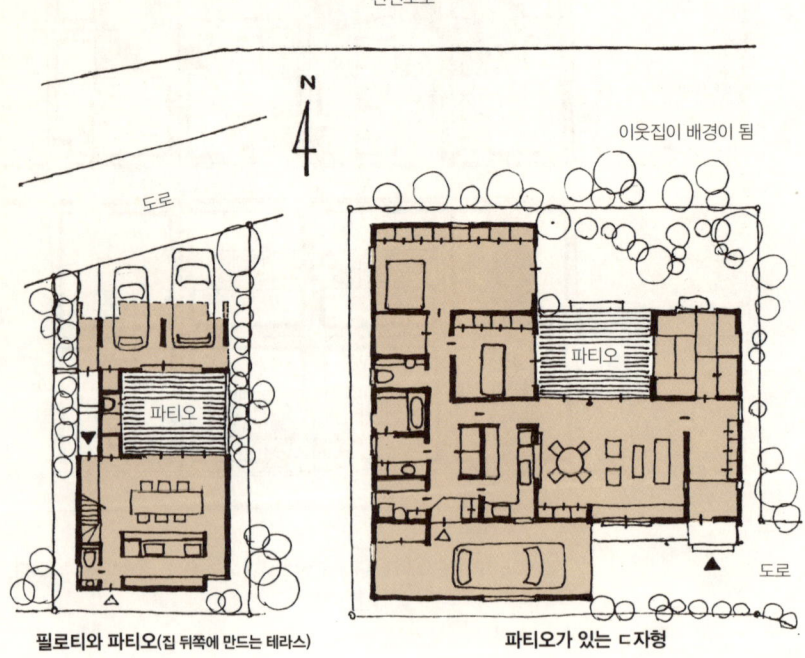

필로티와 파티오 (집 뒤쪽에 만드는 테라스)

파티오가 있는 ㄷ자형

이웃집이 배경이 됨

도로

[벽과 건물로 둘러싸인 정원]

코트 하우스

건물 외부에 정원을 만들지 않고 대지 전체를 벽으로 둘러싸고 건물 안쪽에 정원(코트)을 설치한 주택을 '코트 하우스'라고 합니다. 흔히 말하는 중정中庭형 저택입니다. 중근동을 비롯해 유럽의 도시 주택이나 한국, 중국 등 전 세계에서 비슷한 유형을 볼 수 있습니다. 안뜰이 있는 집들도 코트 하우스의 일종이라 할 수 있습니다.

코트 하우스의 정원은 이웃과의 관계를 멀어지게 할 수 있지만, 반은 실내에 있으므로 사생활이 보호됩니다.

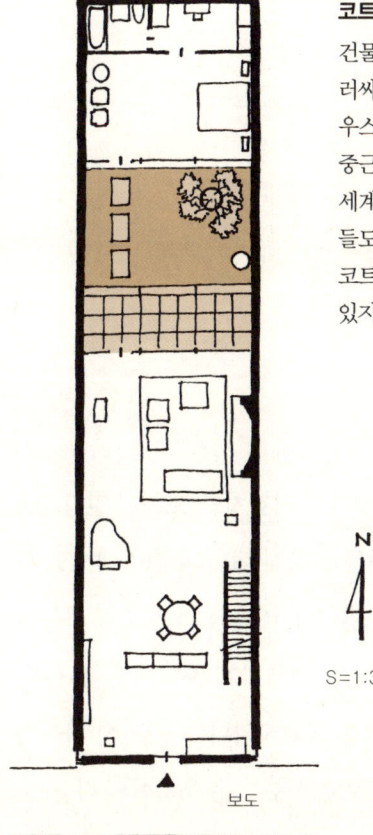

록펠러 게스트하우스(1950)
필립 존슨 Philip Johnson
아마도 세계에서 가장 유명한 코트 하우스일 것이며 더 이상 심플하게는 만들기 어려울 것입니다.

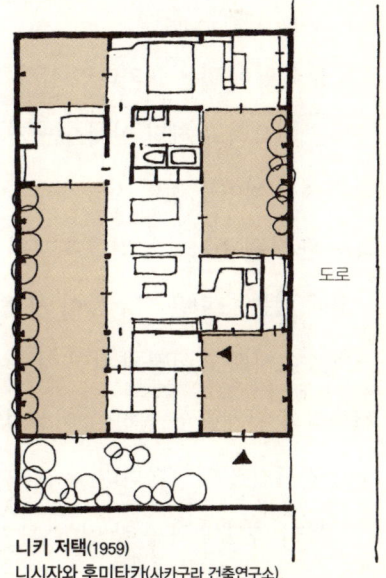

니키 저택(1959)
니시자와 후미타카(사카구라 건축연구소)
일본에서 코트 하우스를 대표하는 주택입니다. 모든 방이 두 개의 정원과 접하고 있습니다.

그런 까닭에,
주택의 배치 계획은 인접한 토지와 어떻게 마주할 것인가 하는 방법을 고려해야만 합니다.

주차 공간
― 자동차는 보이는 것보다 넓은 자리를 차지한다

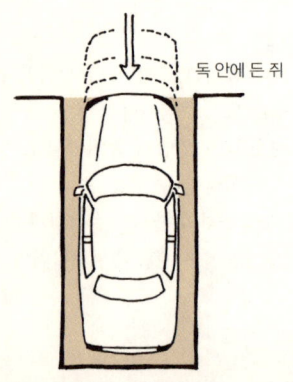
독 안에 든 쥐

비교적 땅이 넓은 교외라면 신경을 쓰지 않아도 되겠지만, 도시의 밀집지에 주택을 지으려고 하면 설계자는 계속 난제를 만나게 됩니다. 그중에서도 특히 골치를 썩이는 것이 자동차를 주차할 곳입니다. 비교적 작은 소형 자동차라도 한 대를 주차할 공간을 확보하기 위해서는 치열하게 싸워야만 합니다.

위에 있는 그림은 학생들이 자주 저지르는 실패작입니다. 사전에 자동차 크기를 조사하고 어떻게 하면 차고에 쉽게 주차할 수 있을지 알아낸 다음, 또 건물과의 관계를 고려하여 이상적인 장소에 배치했음에도 불구하고 제일 중요한 사실을 잊었습니다. 운전자가 내릴 공간을 마련하지 않은 것입니다.

아무리 차고에 차를 잘 집어넣는 사람이라도 이렇게 되면 그야말로 독 안에 든 쥐 꼴이 됩니다.

[주차의 여백]

핸들이 오른쪽에 있든 왼쪽에 있든 마찬가지입니다. 주차 공간에는 사람이 출입할 수 있는 여유가 없으면 안 됩니다.

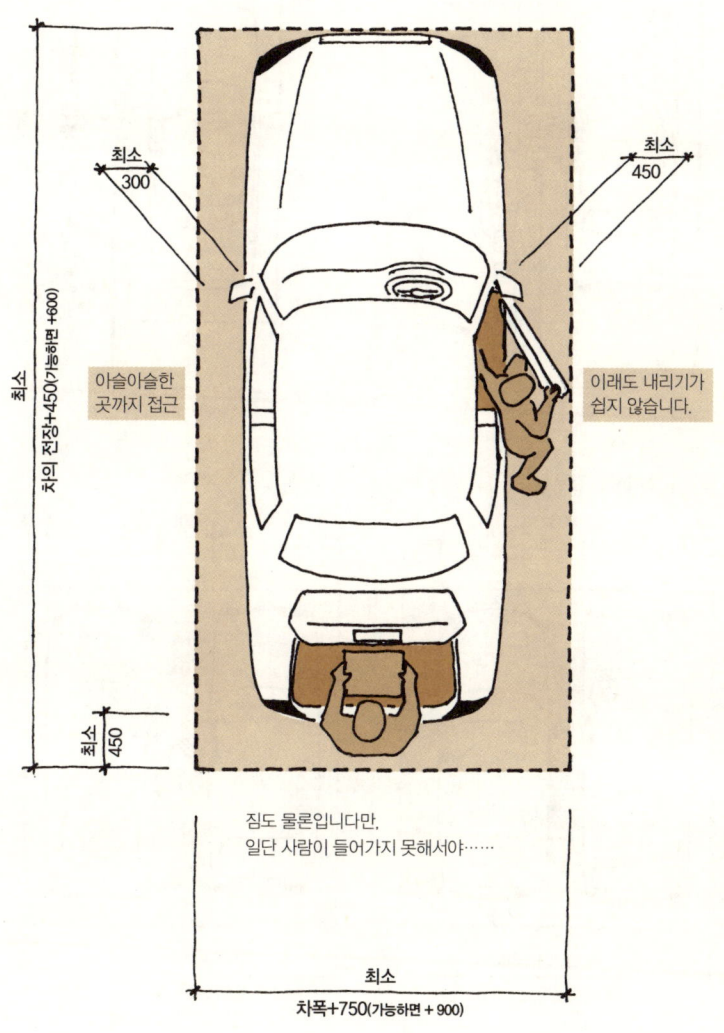

[차문을 여는 방법]

도로 쪽으로 열지 않도록
문이 도로를 넘어가도록 주차 공간을 설계해서는 안 됩니다!

벽을 일부 제거
벽을 일부 제거하면 좁은 주차 공간이라도 편리하게 사용할 수 있습니다.

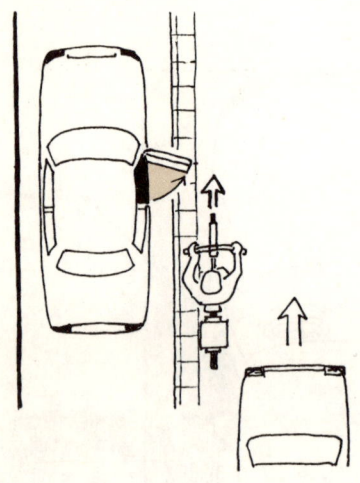
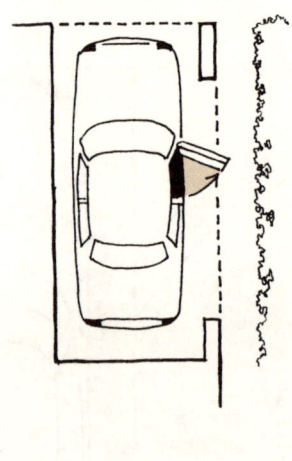

두 대를 주차하는 경우

300 / 600 / 600

차폭 합계 +1,500
오른쪽 핸들×2대

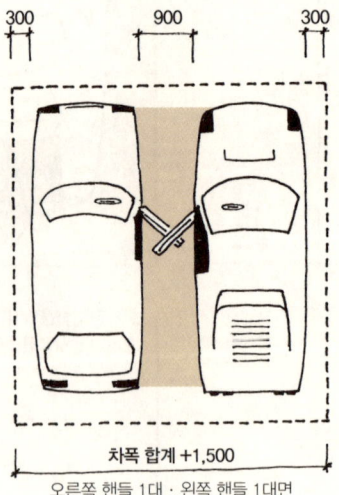

300 / 900 / 300

차폭 합계 +1,500
오른쪽 핸들 1대 · 왼쪽 핸들 1대면 조금 여유가 생깁니다.

[도로에 출입하는 방법]

가로 주차

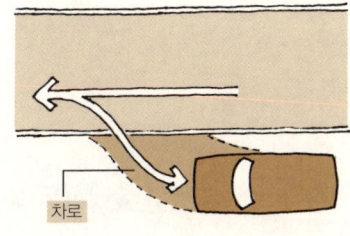

차로

세로 주차

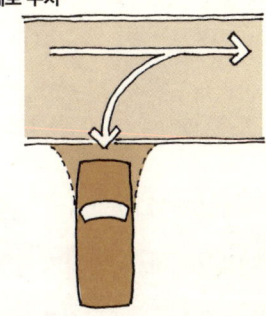

차로의 겸용

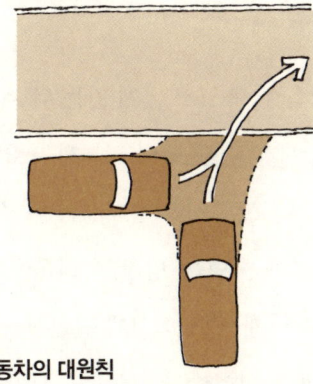

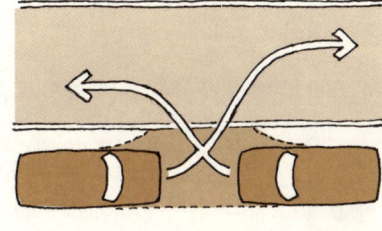

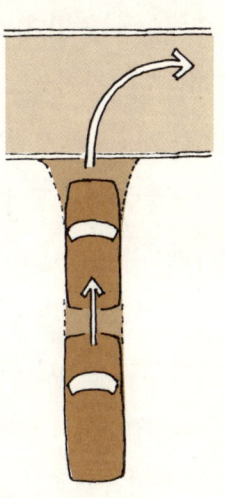

자가용이 두 대라면
종렬주차도 가능합니다.

자동차의 대원칙

주차 공간과 도로의 관계는 자동차의 크기와 도로 폭에 따라 달라집니다. 단, 모든 자동차는 공통적으로 다음 두 가지의 원칙을 가집니다.
- 자동차는 앞뒤로만 움직일 것
- 주차는 후퇴, 발차는 전진

전면 도로가 일방통행인 경우도 이 원칙을 바탕으로 주차 방법을 검토하지 않으면 안 됩니다.

그런 까닭에,
주차 공간을 계획할 때는 자동차 주위의 폭과 안전을 꼭 확보하기 바랍니다.

COLUMN 4

평범한 미닫이는 안 되는 건가

　외부 개구부와 그것을 구성하는 요소의 설계는 설계 작업 중에서도 무척이나 흥미진진하고 유서가 깊다. 기성 제품으로 나온 알루미늄을 사용하지 않고 목재로 만든 개구부라면 더욱 그렇다. 그것이 설계의 참맛이라고 해도 과언은 아니다.

　특히 피서지 별장의 개구부는 정원과 조망을 위해 크고 넓게 만든 뒤 계속 열어놓고 싶기 마련이지만, 야간의 방한 성능에 방충 및 방범 기능까지 요구되기 때문에 신중하게 계획하지 않으면 안 된다. 그렇기에 설계자의 솜씨를 제대로 보여줄 수 있다. 설계해야 하는 개구부에는 덧문, 망창, 유리문에 경우에 따라서는 장지문도 포함된다. 문의 폭을 넓게 해야 하기에 필연적으로 들어가는 개구부의 부품도 많아지게 되고, 계속 열어놓기 위해서는 내부에 이들 개구부를 전부 집어넣을 수 있어야만 한다.

　여기까지라면 그래도 양호하다. 열어놓은 상태도 닫은 상태도 그림으로 그리는 일은 그다지 어렵지 않기 때문이다. 문제는 여는 순서와 닫는 순서를 검토해야 하는 일이다. 이를 꼼꼼히 계획하지 않으면 문짝을 몇 번이나 옮겨야 하고 문짝이 서로 방해가 되어 자물쇠에 손이 닿지 않는 불상사가 일어날 수도 있다. 이러한 과정상의 문제를 요시무라 준조 설계사무소에서는 '강 건너기 퀴즈'라고 불렀다. 늑대와 양, 그리고 풀을 작은 배에 싣고 몇 번이나 왕

복하면서 강을 건너야 하는 사냥꾼을 연상시켰기 때문이다.

내가 사무소에 들어간 지 3년째 되었을 때 처음으로 산장의 설계를 맡게 되었다. 당연히 개구부의 디자인에 공이 들어갔고 결국 모든 개구부를 벽 속에 집어넣을 수 있게끔 설계를 마쳤다. 실시설계도實施設計圖가 완성되어 요시무라 선생님께 확인을 부탁하자, 선생님은 세면실의 전개도를 보면서 "여기 창문은 안 열리는 건가?" 하고 물었다. 즉시 "붙박이창처럼 보이지만 사실은 한쪽 귀퉁이를 밀면 열리게 되어 있습니다!" 하고 의기양양하게 대답했다(배운 지 얼마 되지 않는 기술이었다). 그러자 선생님은 웃으면서 "그렇지만 세면실이잖은가? 경치가 좋은 쪽도 아니고…… 평범한 미닫이는 안 되는 건가?"

나는 아무 말도 하지 못했다. 실망한 것이 아니었다. 무엇인가 내게 씌여 있던 것이 떨어져나가는 기분이었다.

설계 실무를 하다보면 가끔 침식을 잊을 만큼 재미있다. 그런 까닭에 주의하지 않으면 '설계를 위한 설계' '디테일을 위한 디테일'에 빠지기 쉽다. 그렇게 되지 않기 위해서는 '충혈된 눈'에서 '보통 눈'으로 자신을 되돌리지 않으면 안 되지만 그것이 쉬운 일은 아니다. 그때까지 계속 이어진 시행착오에서 비롯된 여열이 남아 있기 때문이다. 물론 주택의 세부 설계 중에는 머리를 쥐어짜낸 끝에 탄생하는 발상과 기술도 적지 않다. 그렇지만 그것만큼이나 '평범한 기술'도 소중한 것이다. 내가 요시무라 선생님을 존경하는 것은 수많은 독특한 발상과 기술뿐만 아니라 평범한 눈으로 보고 생각하고 말했기 때문이다.

설계자로서 제몫을 하게 된 이후의 길은 멀리 보는 일보다 발밑을 다시 보는 일부터 시작하는 것이 더 바람직할지도 모르겠다.

CHAPTER 3

주거해부도감

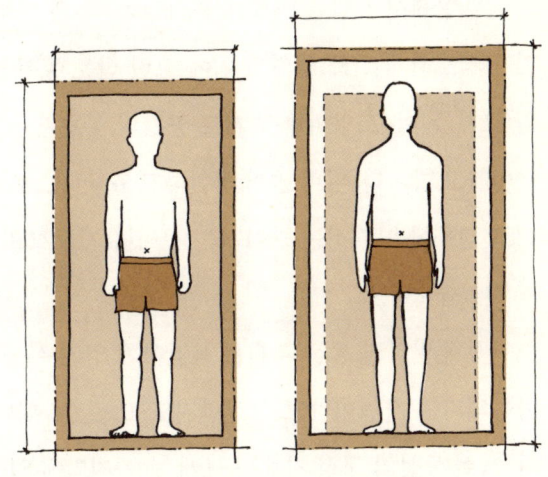

사람과 마찬가지로
치수에도 습관이 있다

동선
- 나무에서 매번 내려오지 않아도 양손을 사용하면
  가지를 타고 건널 수 있다

건물 안에서 사람은 어떻게 움직일까? 혹은 어떻게 이동할 수 있을까? 그것을 검토하기 위해 평면도 위에 그린 선을 동선이라고 합니다. 또 각 공간의 크기, 넓이, 모양과는 별개로 공간의 상호관계를 검토하는 일을 동선 계획이라고 합니다. 낭비 없이 안전하고 효율적으로 이동할 수 있는 것은 물론이고 경우에 따라서는 돌아가는 길이나 지름길을 설치하는 편이 바람직할 때도 있습니다.

이렇게 말하면 동선 계획은 복잡하게 엉킨 실을 하나씩 풀어가는 정신이 아득해지는 작업이라고 상상할지도 모르겠습니다. 하지만 그렇지 않습니다. 사실 동선의 구성 자체는 크게 두 가지밖에 없습니다. 그리고 그 원형은 자연계에서 찾을 수 있습니다. 하나는 나무를 오르는 원숭이이고 다른 하나는 거미집을 짓는 거미입니다. 하긴 나무에서 나무로 이동하는 원숭이는 생각하기에 따라 거미라고도 할 수 있겠네요.

[나무Tree와 그물Net]

나무

원숭이는 나무에 올라갑니다. 그렇지만 어떤 가지든 끝에 이르면 반드시 돌아와야 합니다.
거미는 집을 짓습니다. 거미집이 완성되면 줄을 타고 종횡무진 돌아다닙니다. 거미줄이 한두 줄 끊어져도 문제없습니다.

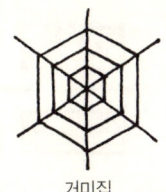
거미집

이런 나무는 없기 때문에……

나무에서 나무를 타고가야 합니다.

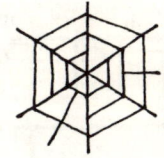
불완전해도 괜찮습니다.

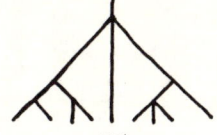
트리

트리
전문용어로도 나무 같은 공간 구조를 가지고 있으면 트리라고 합니다.

세미라티스
거미집과 같은 공간 구조를 가지고 있는 것을 세미라티스라고 합니다.

세미라티스

이 두 가지 개념은 건축가이자 수학자였던 크리스토퍼 알렉산더가 「도시는 나무가 아니다 a city is not a tree」(1965)라는 제목의 명논문을 발표한 이후 도시 계획과 건축 계획에 도입되었습니다.

거미집과 동선
나무 위를 이동할 때 출발지점과 목적지점을 정하는 구조는 나무마다 정해져 있습니다. 그렇지만 거미집은 몇 가지 다른 길이 꼭 있습니다.

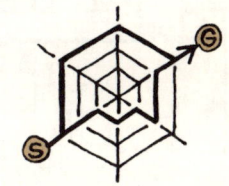

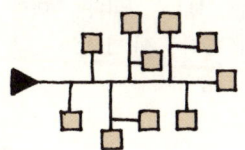

이는 건축에도 많은 관련이 있는 말입니다. 특히 '동선'과 관련됩니다. 이때 이 그림처럼 공간의 상호관계를 나타내는 그림을 '다이어그램'이라고 합니다.

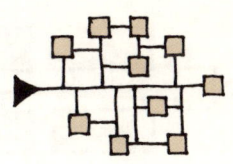

[집은 나무가 아니다]

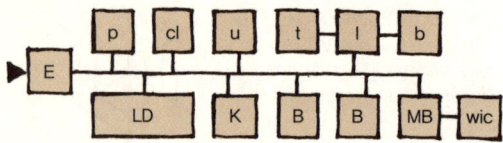

우선은 나무로

주택의 공간 배치도 나무와 그물로 생각할 수 있습니다. 왼쪽의 그림(위)은 나무 상태의 동선에 의한 다이어그램을 구체적인 공간 배치로 바꾼 것입니다. 그 결과 방이 3개인 단층집이 나타났습니다. 그렇지만 자세히 보면 동작에 낭비가 있을 것 같습니다. 무엇보다 옆방을 갈 때 하나하나 복도로 나오지 않으면 안 되게끔 되어 있으니까요.

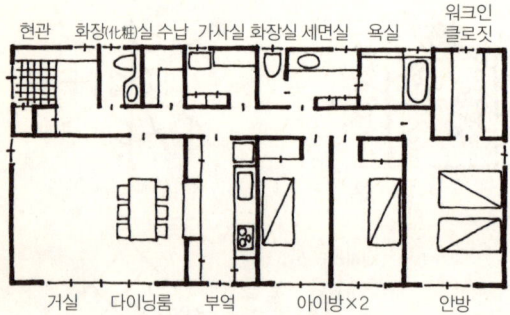

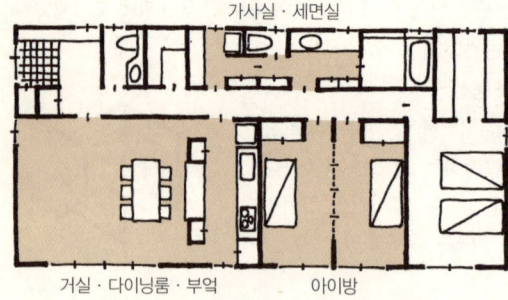

나무에서 그물로

그럼 조금만 개량해보겠습니다.
- 가사실과 세면실을 연결
- 거실, 다이닝룸, 부엌을 연결
- 아이가 어린 시기에는 아이방을 하나로 함

이렇게 되면 다이어그램은 이미 나무가 아니게 됩니다. 주택의 동선은 그물 쪽이 더 잘 어울리는 것 같습니다.

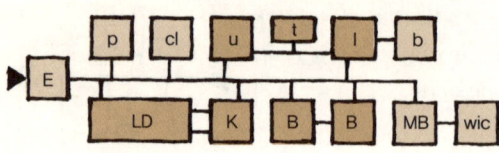

[두 방향 접근 = 두 개 이상의 출입구]

눈치가 빠른 사람이라면 다이어그램을 보고 알아차렸을 거라 생각합니다. 나무니 그물이니 하지 않아도 동선 계획의 요점은 몇 군데의 공간에 두 개 이상의 출입구를 만드는 일입니다.

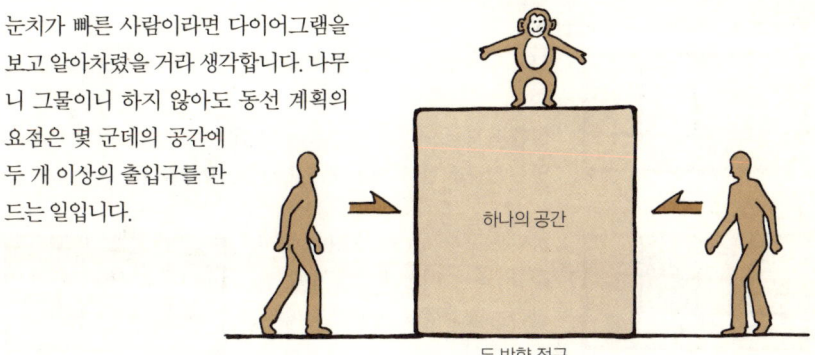

두 방향 접근

아름다운 코어 플랜 core plan

이 심플한 주택은 두 방향 접근이 무엇인가를 명쾌하게 알려줍니다. 평면 내부에 확실한 중심이 자리를 잡고 그 주변을 다른 요소가 둘러싸고 있습니다. 이런 계획을 '코어 플랜'이라고 부릅니다. 다음의 주택은 무척이나 아름다운 코어 플랜의 예라 할 수 있습니다.

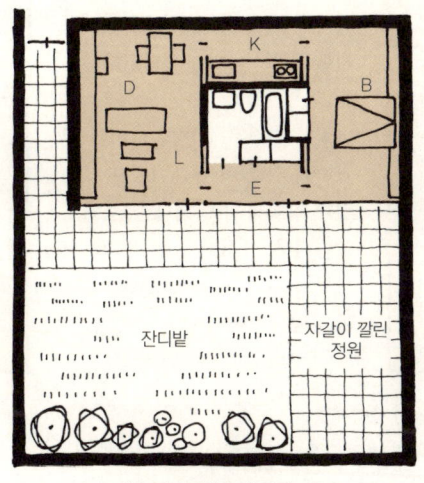

평면도
S=1:250

브뤼셀 만국박람회의 주택(1958)
에드워드 루드윅 Edward Ludwig

[코어 플랜]

두 방향 접근이라는 사고의 실험

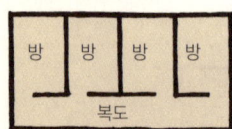

그럼 두 방향 접근이 평면 설계에 어떤 작용을 하는지 살펴보겠습니다.
일단 복도로 연결된 네 개의 방이 있다고 합시다. 이 주택에 두 방향 접근을 할 수 있는 장소를 만들어보겠습니다.

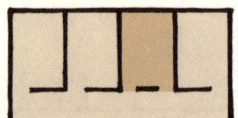
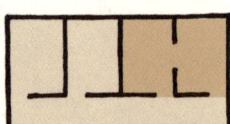

방법은 두 가지가 있습니다. 방의 출입구를 늘리거나 방과 방을 연결하는 것입니다. 이때 바닥에 어떤 변화가 생기는지를 보기 위해 일단 벽을 제거하고 남은 바닥에만 주목해보겠습니다.

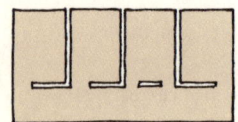
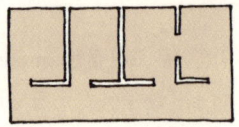

그러자 동선이 아닌 '동면動面'이라고 부를 만한 플레이트(바닥)가 모습을 드러내었습니다. 이 동면은 동선과 마찬가지로 방의 이름이나 넓이, 형태에 관계없이 바닥을 연결한 것만을 나타낸 것입니다.

그렇다면 좌우 동면의 차이를 비교하기 위해 이 플레이트를 부드럽게 잡아당겨 형태를 바꾸어보았습니다. 그러자 양쪽 플레이트 모두 하나의 구멍이 생겼습니다. 이 구멍이 코어입니다.

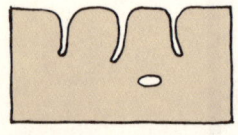
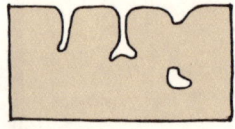

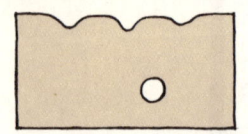

칸막이가 사라진 다음 마지막에 남는 것이 코어입니다. 두 방향 접근은 코어 발생의 원인이기도 하고 결과이기도 한 것입니다.

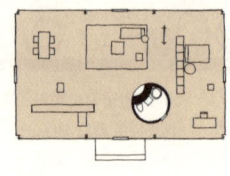

글라스 하우스(1949)
필립 존슨 Philip Johnson

[평면을 돌다]

평면을 도는 일은 주택에 있어서 중요하고 유용합니다.

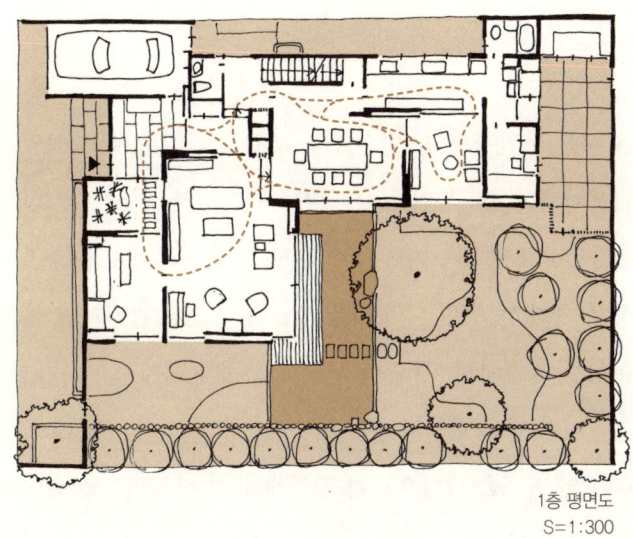

1층 평면도
S=1:300

------- 돌아다니는 동선

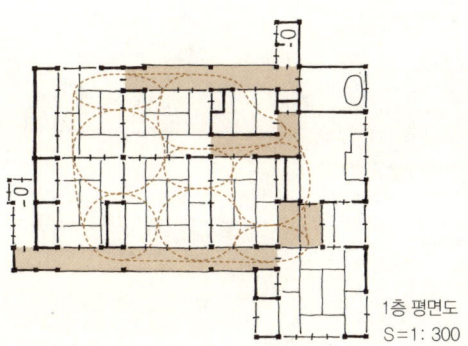

1층 평면도
S=1:300

그런 까닭에,
동선 계획으로 각 공간의 두 방향 접근이 가능한지 살펴볼 수 있습니다.

COLUMN 5____
평면의 토폴로지*

'동선'을 다룬 단원에서 '두 방향 접근의 사고 실험'을 이미 보았지만 이는 평면을 위상기하학(토폴로지)적으로 변형함으로써 주택을 '내부의 흐름'으로 종류를 나눠보려고 한 실험이다. 1994년 어느 잡지에 발표한 것으로 이것을 필자는 '동선'에 대한 '동면'이라 이름 붙였다. 동선은 말하자면 실과 같은 것으로, 풀어가는 과정에서 '왜곡'이 생겨도 문제가 되지 않는다. 그러나 왜곡이라는 말은 바닥 면이 회전하는 것을 뜻하므로 실체와는 멀어지고 만다. 동면은 바닥 면의 회전을 금함으로써 중력에 대한 바닥의 반동력이라는 특질을 남기려고 한 것이다.

1~3은 넓이나 형태에 관계없이 동면이 '물웅덩이 형태'가 된다. 그러나 4~6은 동면에 구멍(코어)이 생기고 '흐름'이 발생한다.
7~9처럼 계단이 있는 2층 평면도 동면으로는 '층'을 형성하지 않고 단순한 '물웅덩이 형태'가 된다. 그러나 10, 11처럼 계단 주위를 둘러싸게 되면 구멍이나 다리(입체교차)가 나타난다. 이 다리는 동면층을 연결하는 존재다.
12~15는 계단이 두 개 있는 경우의 동면으로 계단이 나란히 있는가, 교차되어 있는가에 따라 동면도 달라지는 모습을 나타내고 있다.
'회유하는 평면'을 비롯해 평면의 시퀀스가 보이는 특징은 토폴로지로도 분석할 수 있는 것처럼 보인다.

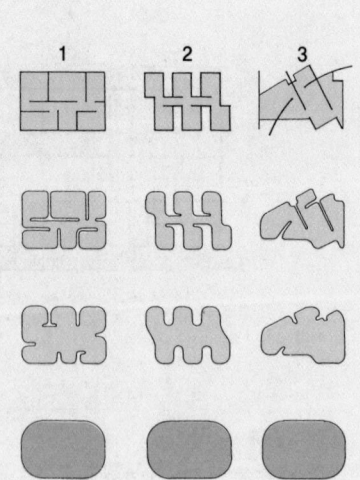

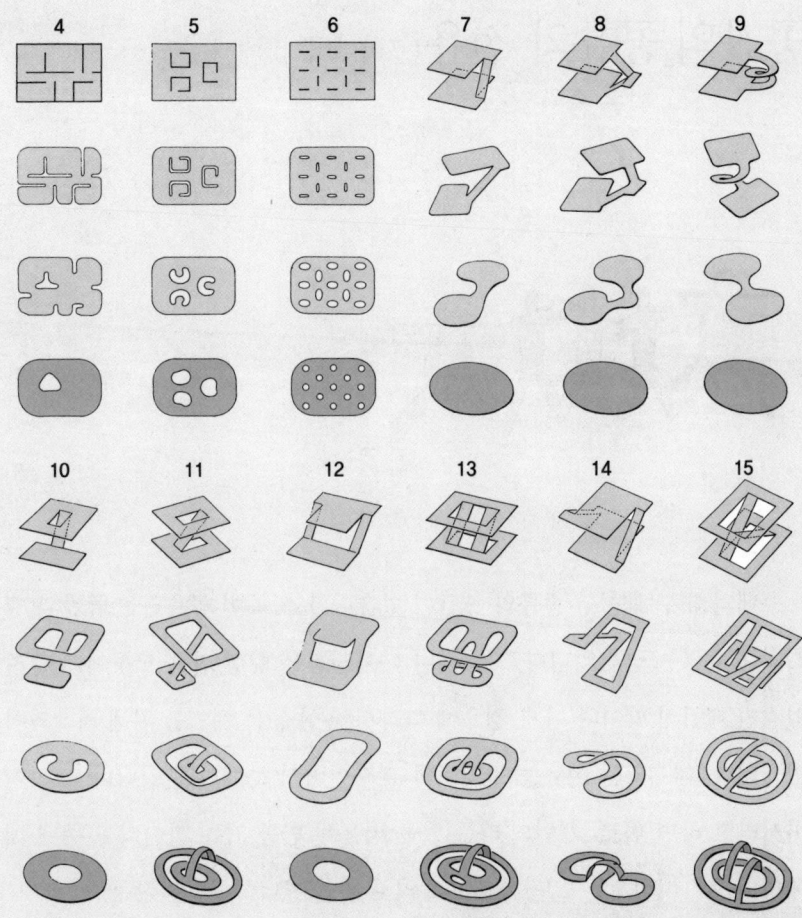

* **토폴로지**topology : 수학의 한 분야. 위상기하학이라고도 한다. 도형이나 공간이 지닌 여러 성질 중, 특히 연속적으로 도형을 변형하더라도 변하지 않는 성질을 연구하는 기하학이다. 예컨대, 평면상에 삼각형과 원이 그려져 있을 때 보통의 기하학에서는 이것들은 완전히 별개의 도형이지만, 토폴로지에서는 같은 종류의 도형이라고 생각한다. 그것은 삼각형을 차츰 부풀려서 변형해가면, 마침내 원이 되어버리기 때문이다. 이처럼 연속적인 변형에 의해 하나의 도형이 다른 도형으로 옮아갈 때, 토폴로지에서는 2개의 도형을 같은 종류라 생각한다. 연속적으로 도형을 변형하더라도 변하지 않는 성질이란 이 종류의 공통인 성질을 말한다. 그와 같은 성질에는 어떠한 것이 있을까? 삼각형이 하나 있으면, 평면은 삼각형의 내부와 외부 두 부분으로 나뉜다. 원도 마찬가지다. 그러므로 평면을 둘로 나눈다는 성질은 삼각형과 원의 공통이다. 토폴로지에서 문제로 삼는 것은 예컨대, 이런 성질이다. 유명한 토폴로지의 정리를 예로 들어보면 종이 위에 연필로 곡선을 그릴 때 연필을 종이에서 떼지 않고, 더구나 한번 그린 선과는 교차되지 않도록 하여 출발점으로 되돌아왔을 때 완성되는 곡선을 단순폐곡선이라 부른다. 정리 : 단순폐곡선은, 평면을 내부와 외부의 두 부분으로 나눈다. 이 정리는 1893년 C. 조르단에 의해 처음으로 명확히 서술되고, 증명이 제시되었다. 얼핏 보면 당연해보이지만 증명은 그다지 쉽지는 않다. (출처 : 사이언스올)

공간의 공유와 전유 (프라이버시)
– 당신, 가족, 많은 수의 당신

    주택의 내부에는 두 종류의 공간이 있습니다. 가족이 공유하는 공간과 개인이 전유하는 공간입니다. 거실이나 다이닝룸은 항상 가족 모두에게 열려 있지만 개인의 방이나 서재, 경우에 따라서 욕실 등은 개인을 위해 폐쇄되어 있습니다. 폐쇄되는 이유는 무엇보다 프라이버시 문제 때문입니다. 프라이버시라고 하면 바로 '개인의'라는 말을 떠올릴 만큼 가족 간이라도 주택 내에서의 프라이버시는 일단 확보하지 않으면 안 됩니다.

    주택 내에서의 프라이버시는 무슨 의미가 있을까요? 사실 프라이버시는 주택 내에서 발생하는 것이 아니라 각자가 주택 외부에서 가지고 들어오는 것입니다. 그것도 한 사람의 '당신'이 아니라 많은 수의 '당신'이…….

[상자에서 튀어나오는 나의 소속]

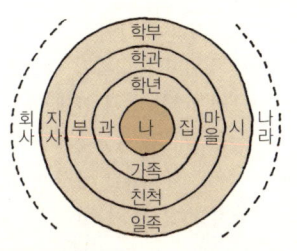

나의 소속
만약 세계의 중심이 '나'라고 하면 '내'가 동심원에 둘러싸인 것처럼 '소속'되어 있는 모습이 떠오릅니다.

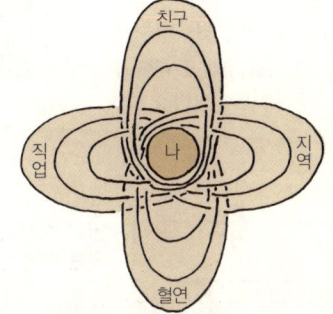

많은 수의 나
그렇지만 소속된 곳은 하나가 아닙니다. 복잡하게 얽혀 있는 소속 내에서 누구나 수많은 '나'로 살아가고 있습니다.

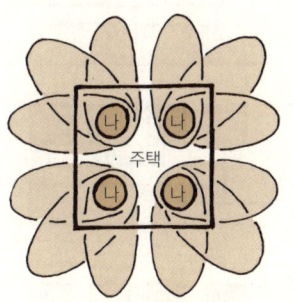

수많은 '나'의 상자
그렇게 수많은 '내'가 모여 있는 곳이 주택이라는 이름의 상자입니다. 이 상자는 '나'를 수용하는 것이 아닙니다. 상자를 근간으로 '나'는 각 소속처에 출입을 반복합니다. 그러나 상자는 각 '나'마다 크기가 다릅니다.

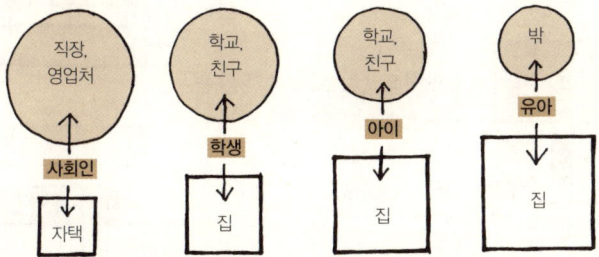

상자의 크기는 '나'에 따라 제각각
상자의 크기란 면적을 말하는 것이 아닙니다. 상자에 머무르는 시간을 말합니다. 일반적으로 '나'의 나이와 상자에 있는 시간은 반비례합니다. 거꾸로 '나'의 나이에 비례하는 것은 프라이버시 의식입니다.

[프라이버시를 안고 돌아오다]

각 개인은 소속된 곳에서 많은 것을 가지고 상자로 돌아옵니다. 하지만 그 많은 것을 '나' 외에 그곳에 동거하는 다른 구성원도 공유할 수 있을지는 알 수 없습니다. 오히려 공유할 수 없는 것이 더 많을 겁니다.

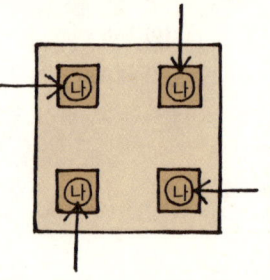

그것이 프라이버시라고 하는 것입니다. 그렇기 때문에 주택이라는 상자 안에 더욱 작은 상자가 필요하게 되고 이윽고 공유하는 상자와 전유하는 상자로 나뉘는 것입니다.

[평면]

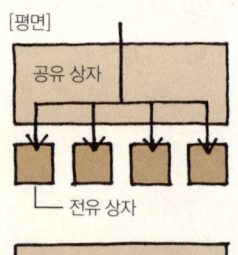

공유 상자와 전유 상자로 돌아오는 방법

이때 자택에서 문제가 되는 것은 두 종류의 상자에 '돌아오는 방법'입니다. 돌아오는 패턴은 몇 가지 생각할 수 있지만 지금 주목해야 할 것은,
① 어느 쪽 상자로 돌아오는가?
② 어느 쪽 상자를 경유하는가?
③ 어느 쪽 상자도 경유하지 않는가입니다.

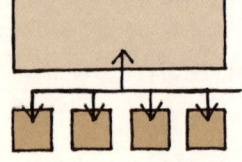

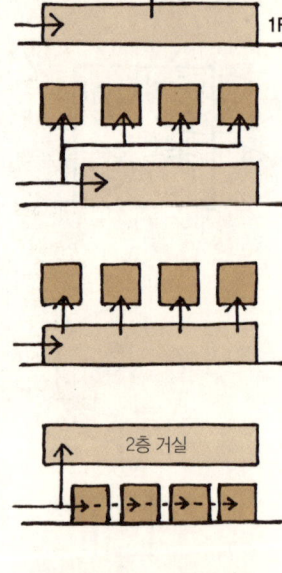

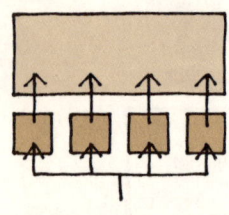

일반적으로는 익숙하지 않은 귀환 방법이지만 새로운 가능성을 여는 계기가 될지도 모릅니다.

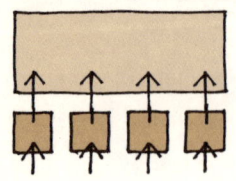

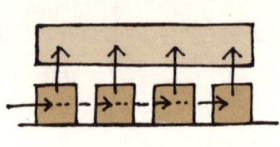

아마 이 외에도 더 많이 있을 것입니다.

[복도는 사적으로 이용하는 공유물]

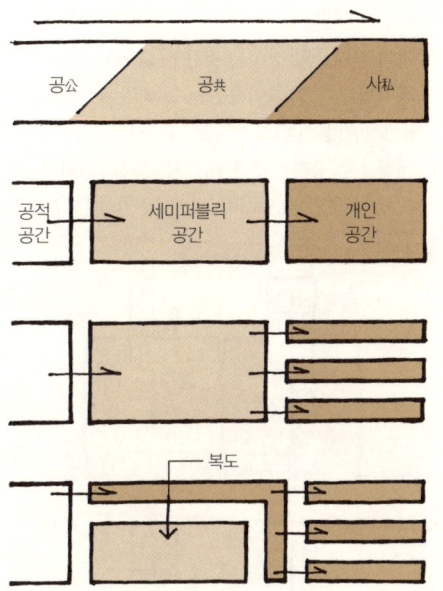

복도가 포인트

주택 설계를 위한 훈련을 받을 때, 가장 먼저 배우는 것이 공적인(Public) 것에서 개인적인(Private) 것까지의 서열입니다. 또 그 가운데 세미퍼블릭이 되는 공간이 존재한다는 사실도 알게 됩니다. 예를 들면 '도로→거실→개인방' 정도가 되겠습니다.

그러나 이 도식에는 중요한 포인트가 빠져 있습니다. 바로 복도입니다. 일반적인 주택에는 현관에서 직접 개인의 방으로 가는 통로, 즉 복도가 설치되어 있는 경우가 압도적으로 많습니다. 그리고 개인 방이 2층에 있는 주택의 경우 1층 계단 옆으로 복도가 있는지 여부에 따라 다음과 같은 차이가 발생합니다.

복도가 없으면 가족과의 커뮤니케이션이 무척 쉽게 이루어집니다.

그러나 커뮤니케이션이 때론 번거롭거나 피하고 싶을 때가 있습니다. 복도가 있어서 다행이라 생각될 때가 있습니다.

어느 쪽이 좋은가 하는 문제가 아니라, 어느 쪽으로 할 것인가의 문제입니다.

167

[개인방의 형태가 주택의 성격을 정한다]

공유 공간과 여백

각 주택의 성격을 결정하는 것은 사실 개인방의 형태라고 생각합니다. 가족이라는 공동체 안에 개인의 프라이버시가 어떻게 다루어지고 있는가? 그것은 개인방의 세팅으로 나타나고 형태로서도 나타납니다. 거실 등의 공유 공간은 오히려 '여백' 같은 것인지도 모르겠습니다.

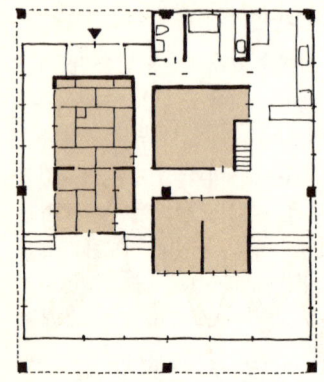

YAH(1969) 스즈키 마코토

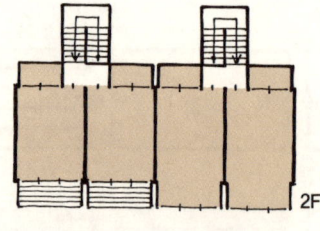

2F

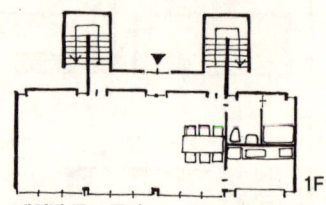

1F

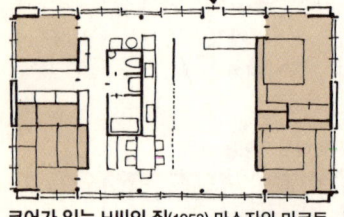

코어가 있는 H씨의 집(1953) 마스자와 마코토

개인방 군群 주거(1968) 구로자와 타카시

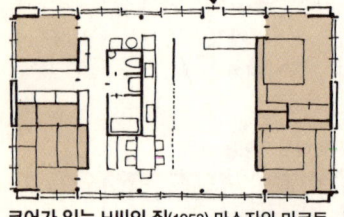

자택(1960)
파울루 멘데스 다 로샤 Paulo Mendes da Rocha

패밀리룸에서 거실로 갈 때 모든 침실을 통과할 수 있습니다.

2F

[가변 플랜]

수많은 '나'의 프라이버시 의식에 관용과 유연성만 있다면 개인방은 가끔씩 개방됩니다. 이를 '가변 플랜'이라고 부릅니다. 리트벨트의 슈뢰더 저택이 그 대표적인 예로 가변 플랜은 이 주택을 빼놓고는 이야기할 수 없습니다. 미닫이문을 모두 열면 2층이 하나의 방으로 변신합니다. 그것을 가능하게 만든 것이 '침대가 보여도 상관없다'고 하는 관용입니다.

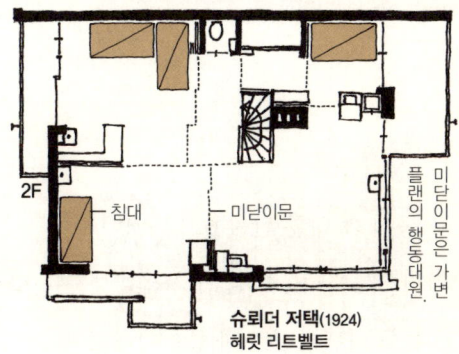

슈뢰더 저택(1924)
헤릿 리트벨트

개인방이 흉금을 털어놓을 때

또 수많은 '나'는 별장이나 주말 저택에 있을 땐 꽤나 대범해져 흉금을 터놓습니다.

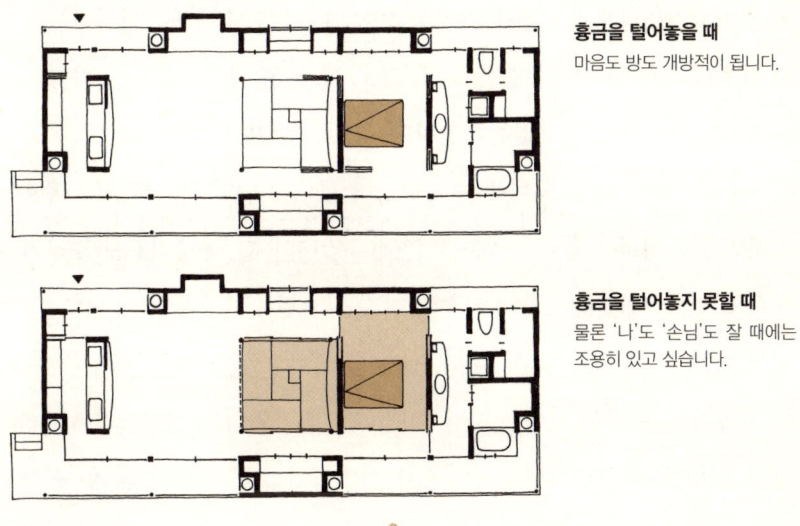

흉금을 털어놓을 때
마음도 방도 개방적이 됩니다.

흉금을 털어놓지 못할 때
물론 '나'도 '손님'도 잘 때에는 조용히 있고 싶습니다.

그런 까닭에,
주택 플래닝에서는 프라이버시를 어떻게 취급할지를 가장 먼저 생각해야 합니다.

설비기기의 공유와 전유
– 내 것은 내 것, 모두의 것도 내 것

전철에 문제가 생기면 역 주변의 공중전화로 사람들이 몰려가는 풍경은 휴대전화의 등장으로 완전히 과거의 것이 되고 말았습니다.

공중전화와 휴대전화. 같은 '전화'라도 이 둘은 결정적인 차이가 있습니다. 들고 다닐 수 있는가 없는가입니다. 그렇긴 하지만, 여기서는 '공유물'인가 '전유물'인가 하는 차이에 주목했으면 합니다. 공유와 전유의 관점에서 말하면 공중전화는 공유, 휴대전화는 전유입니다. 단, 공중전화도 누군가 사용하고 있을 때는 박스 밖에서 기다리지 않으면 안 됩니다. 모두의 전화가 일시적으로 전유되기 때문입니다.

'공유와 전유'라는 개념은 사실 주택 내부에 설치하는 설비기기에도 해당됩니다. 이번에는 이 개념을 근간으로 설비기기의 위치와 전체적인 공간 배치에 대해 생각해보겠습니다.

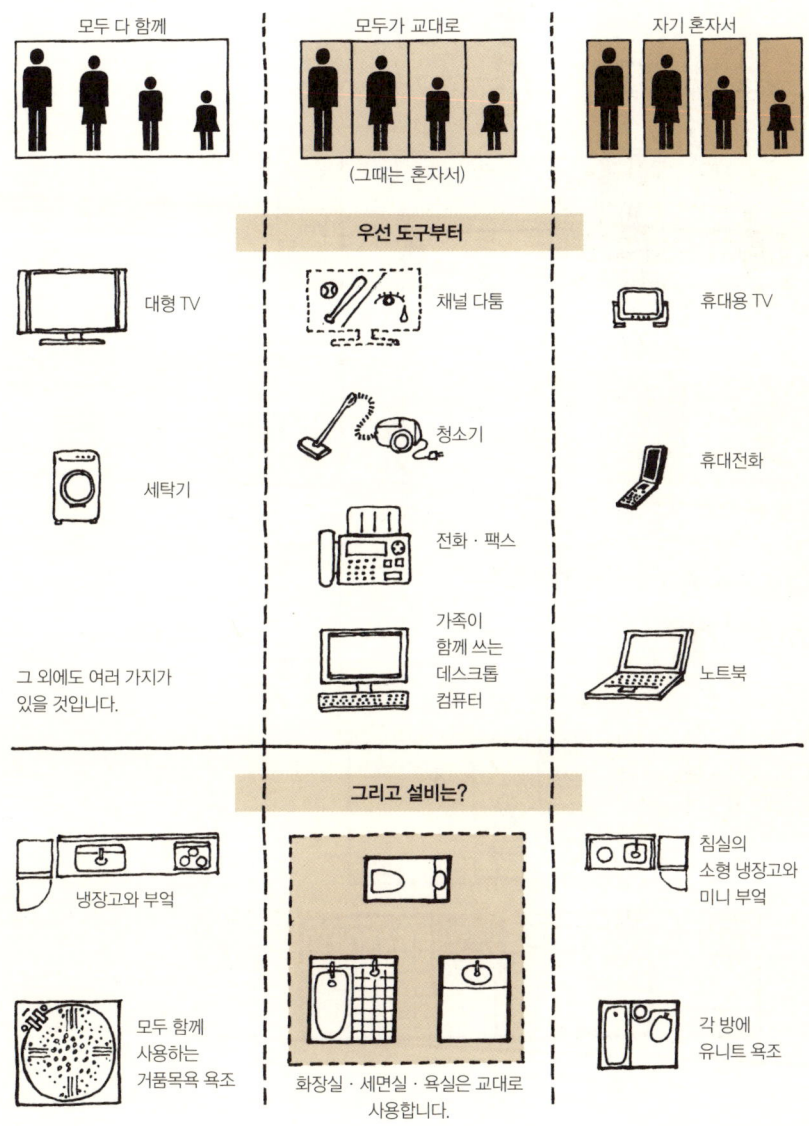

[물을 사용하는 곳의 딜레마]
(제1장 '세면실과 세탁실'도 참조해주십시오.)

딜레마와 결심
화장실은 모두 같이 사용합니다. 단, 사용할 때는 혼자서. 그러므로 교대로 시간 차이를 두고 이용합니다.

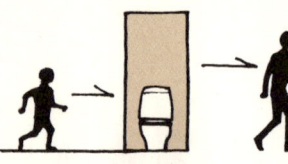

시간 차이를 두어도 때로는 실패할 경우가 있습니다. 빨리 사용하지 못하게 되면 큰일납니다.

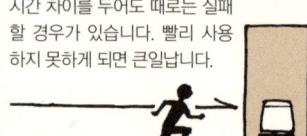

그러므로 화장실은 두 개가 있으면 좋지만…… 조금 아까우려나?

그렇다면 하나는 손님용으로도 쓰는 화장실로 하고

다른 하나는 세면실에 변기만을 두는 방법도 있습니다.

그러고 보니

욕실은 하나뿐인데 괜찮을까요?
따로 샤워 부스 정도는 만들어둘까?

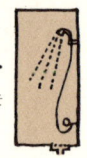

아니, 아니야. 괜한 걱정일 거야.

그것보다는 하나로 합쳐 넓고 밝은 편이 훨씬 좋아!

그렇지만 역시…….

전부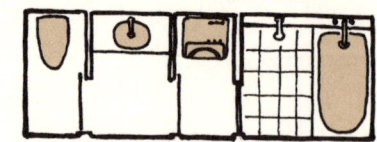

필요할지도…….

이런 딜레마에 빠질지라도 마지막에는 한 가지를 결정할 수밖에 없습니다.

[조합은 병렬 · 직렬 · 대회전]

설비의 수량과 조합은 건전지와 전구, 그리고 스위치가 가지는 관계와 똑같습니다. 즉 '동시 사용'을 전제로 하면 설비류는 병렬관계가 됩니다. 시간 차를 두는 '겸용'이라면 그것은 직렬입니다.

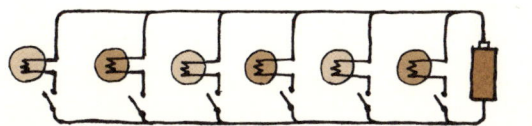 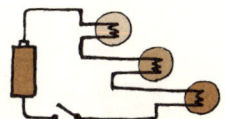

그렇게 보면 설비뿐만 아니라 개인방에 두는 가구도 마찬가지로 볼 수 있습니다. 개인방이란 공부, 취침, 탈의, 수납 등 다양한 것들이 겸용되는 공간입니다. 가구는 그렇게 하기 위한 장치인 셈입니다.

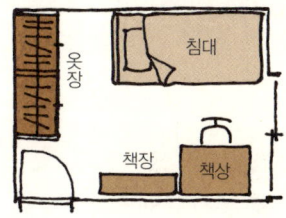

아, 공용, 전용專用, 겸용……이 존재한다면  '전용轉用'도 있다는 것이겠죠? 바로 여러 용도로 쓰는 것 말이에요.

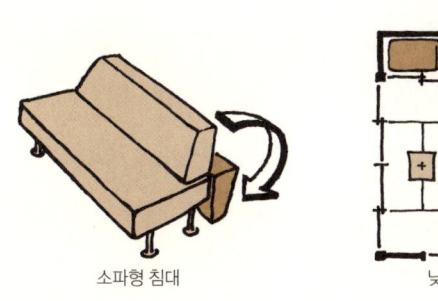

소파형 침대

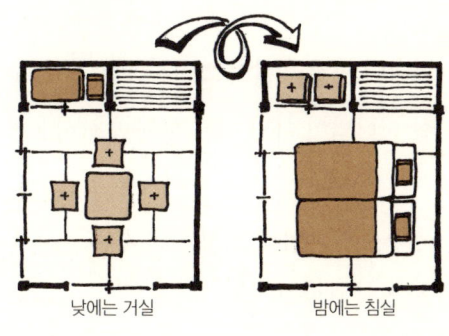

낮에는 거실 / 밤에는 침실

그런 까닭에,
주택 설비의 설치 장소를 결정할 때는 그 공유 방법, 즉 '시간 차=가동률'을 고려해야 합니다.

척과 평
― 왜 아직 척관법이 끈질기게 살아남아 있을까

　현재 일반적으로 사용되는 도량법은 미터법입니다. 이는 계량에 관한 법률로 의무화되어 있으며 '거래상 혹은 증명상의 계량'은 국제 기준인 미터법을 사용하도록 되어 있습니다. 그러므로 건축업계에서도 도면상의 치수나 면적의 표기는 모두 미터법을 사용합니다. 과거 '촌', '척', '간' 등 전통적인 단위는 이제 일상생활에서 많이 사라졌습니다.

　그러나 여전히 많이 쓰이는 단위가 남아 있습니다. 바로 '척'과 '평'입니다. 사실 미터법이 아닌 다른 도량법을 사용하는 것은 법률에 위반되는 일입니다. 그럼에도 불구하고 왜 아직도 척관법은 끈질기게 살아 있는 것일까요?

　그것은 척관법의 체계 안에 우리 신체 부위에 딱 들어맞는 독특한 유연성이 있기 때문입니다.

[기준은 지구와 사람]

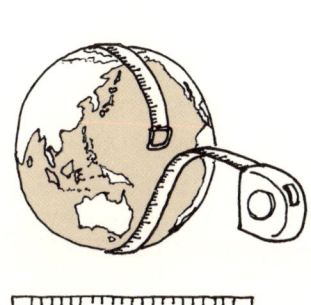

미터법
18세기 말 프랑스에서 처음으로 지구 자오선 길이의 4천만 분의 1을 1m로 하는 법을 제정했습니다. 그렇다면 지구의 둘레는 4만km가 되겠군요.

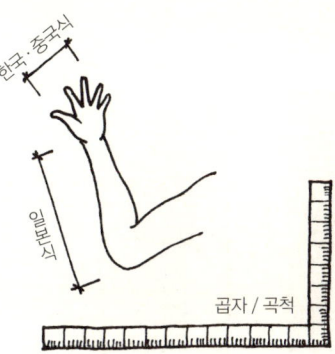

척관법
척의 기원에 대해서는 많은 설이 있으나 모두 손이나 팔의 길이를 기본으로 생각한 것이라 전해지고 있습니다.

미터법 ↔ 척관법

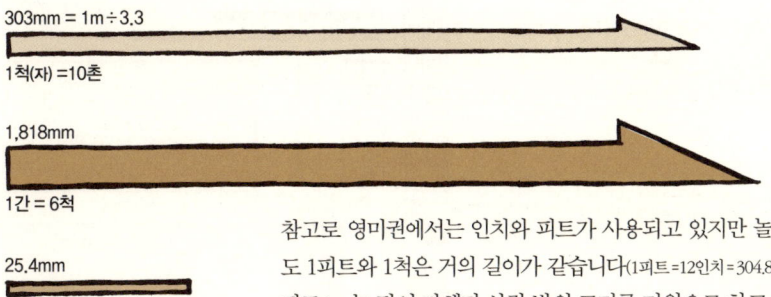

3mm
1분

30.3mm = 1m ÷ 33
1촌 = 10분

303mm = 1m ÷ 3.3
1척(자) = 10촌

1,818mm
1간 = 6척

25.4mm
1inch

도량법의 기원을 보면 알 수 있듯이 '촌', '척', '간' 등이 '미터'보다 훨씬 구체적인 물건이나 신체를 재는 단위로 현실감을 가집니다. (30.3, 303, 1,818은 숫자가 번거롭기 때문에 일반적으로는 30, 300, 1,820으로 해서 사용합니다.)

참고로 영미권에서는 인치와 피트가 사용되고 있지만 놀랍게도 1피트와 1척은 거의 길이가 같습니다(1피트=12인치=304.8mm). 피트feet는 단어 자체가 사람 발의 크기를 기원으로 하고 있기 때문에 마찬가지로 신체를 이용한 도량법인 척관법과 유사한 것이 당연하다고 할 수 있습니다.

175

[신체적 척도와 건축자재의 도량형]

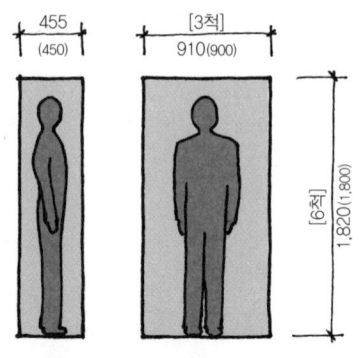

일어서면 반 장, 누우면 한 장

주택업계에서는 3척=반 간=910mm(900mm)를 설계상 하나의 기준으로 잡고 있습니다. 이것은 왜일까요?

'일어서면 반 장, 누우면 한 장'이라는 말에서 알 수 있듯이 그 사이즈가 인간이 살아가는 데 있어 최소로 필요한 크기이기 때문입니다.

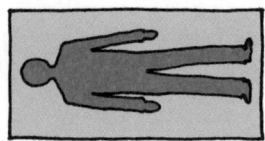

건축자재는 척관법

따라서 건축자재는 지금도 척, 촌을 단위로 하는 것이 당연한 것처럼 생산되고 있습니다.
물론 건축 현장에서도 척관법을 사용하는 것이 일반적입니다.

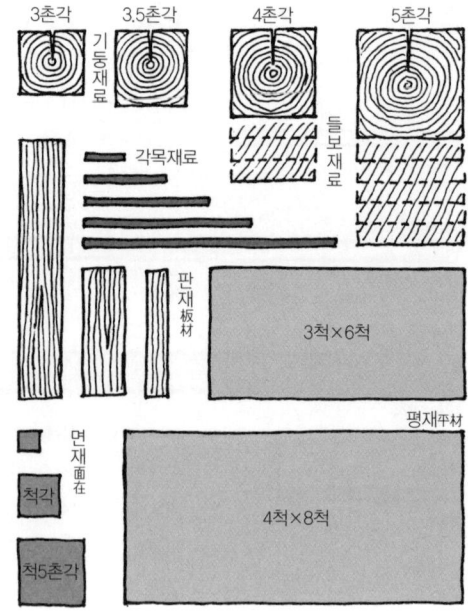

[귀찮은 평 환산]

1평은 약 6척

3척=910mm≒900mm로 계산하여 일반적으로 3척=900mm로 뭉뚱그려 사용하는 경우가 많지만 면적을 계산하는 경우엔 자칫 크게 어긋날 수도 있기 때문에 소수점 아랫자리라고 해도 생략할 수가 없습니다.

정확히 하면,
1척=1,000mm÷3.3=303.0303 ……mm이고
6척=1,818.18……mm=1.81818……m이므로 이를 근거로 면적을 잴 때 사용하는 단위인 '평'을 미터법으로 환산해보겠습니다.

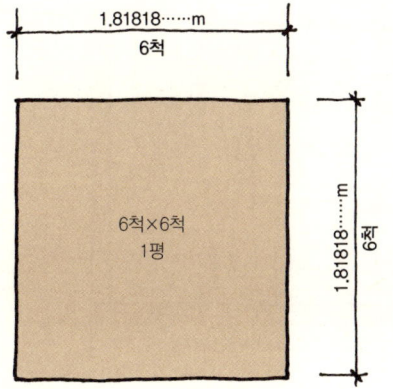

1평은 사방 6척이므로
1.81818……m의 제곱=3.30577……m^2가 되므로 1평=3.3058m^2 가 됩니다.

※현재 부동산 광고에서는 법률상 '평당~'이라는 표현을 쓸 수 없으므로 '3.3m^2당~'으로 사용하고 있습니다.

반대로 미터법을 평으로 환산하면
1m^2=0.3025평 입니다.
따라서 면적을 계산할 때 m^2를 평으로 바꿀 때는 '○○m^2×0.3025=□□평'으로 계산하면 편리합니다.

[100년 전의 사람과 현재의 사람]

척관법은 우리 감각에 잘 들어맞는 도량법이지만 신체 사이즈가 총체적으로 변하게 되면 여러 가지 부작용도 나타나게 됩니다. 통계에 따르면 동양인 17세 남자의 평균 신장은 1900년에는 대략 157.9cm였으나 2000년에는 170.8cm로 늘어났습니다. 예전과 비교해보면 현대인이 더 큰 것을 알 수 있습니다.

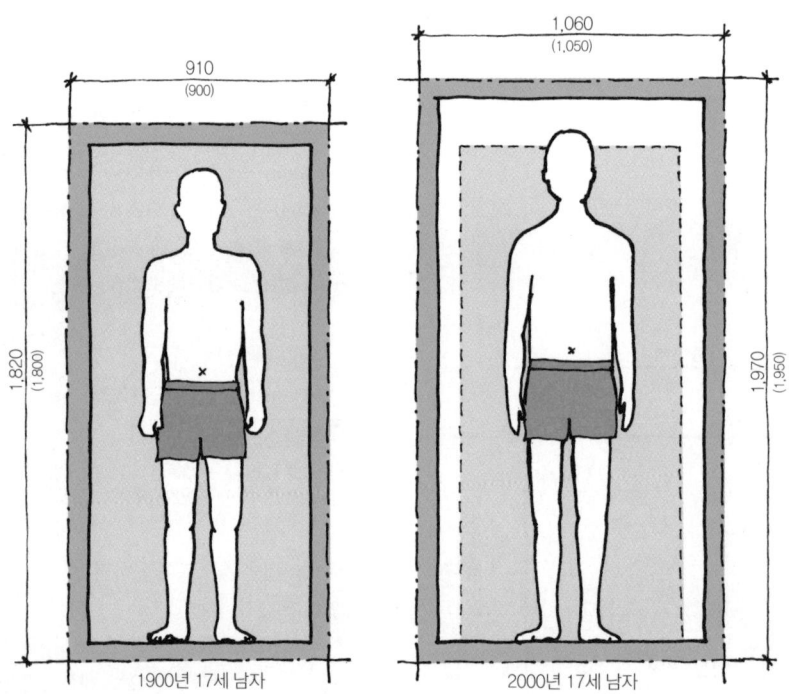

도량형이 시대와 맞지 않는다!

이만큼 체격이 커진 까닭에 주택을 지을 때의 기준이 되는 치수도 재고해야 하는 것이 당연합니다. 위의 그림을 보면 알 수 있듯이, 100년 전에 살았던 사람은 3×6척(910×1,820mm) 크기 안에 쏙 들어가 있습니다. 그렇지만 현대인의 경우는 머리가 튀어나오기 때문에 현재는 길이와 폭 모두 5촌(150mm)씩 늘리는 경우가 많습니다. 길이뿐만 아니라 폭도 넓어진 것은 고령화 사회를 맞이하여 휠체어를 사용하는 사람까지 고려했기 때문입니다.

[150mm라면 재빠르게 대처할 수 있다]

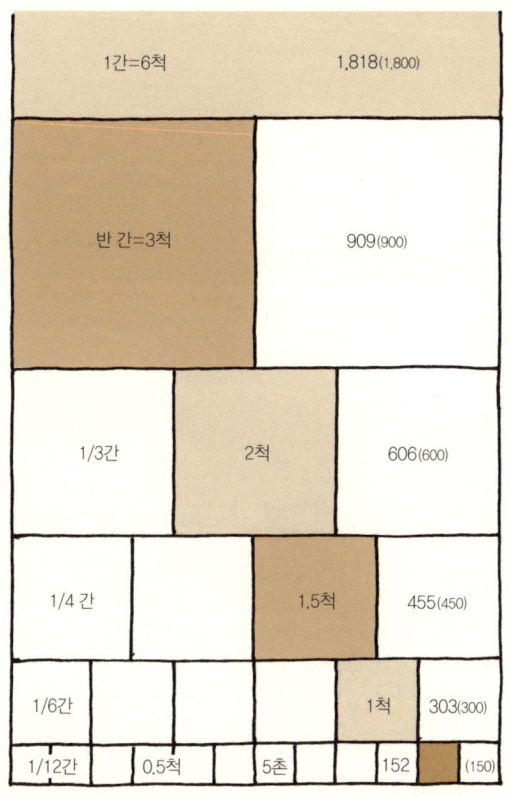

신비로운 숫자 150

설계 실무를 할 때나 건축 현장에서는 이 '150mm'를 사용해 조정하는 일이 빈번합니다. 150mm는=1/2척=5촌이기 때문에 척관법 체계에도 딱 맞는 숫자입니다. 현재 사용되고 있는 시스템 키친이나 유니트 가구도 상당수가 150mm 단위로 제품화되어 있습니다.

신체적인 척도는 '척'을 기준으로 구축되어 있지만 건물의 척도는 원래 기둥과 기둥 사이의 간격을 기준으로 한 '간'에서 시작되었습니다. 1간(1,818mm)은 1/2간(909mm), 1/3간(606mm), 1/6간(303mm) 하는 식으로 얼마든지 나눌 수 있을 것 같지만 사실 150mm라는 숫자는 이들 숫자의 최대공약수이기도 합니다.

150mm=1간을 12등분한 길이

12등분이라고 하면 바로 떠오르는 것이 12진법입니다.
1일=24시간 ──▶ 1시간=60분=360초
1간=6척 ──▶ 1정=60간=360척
1피트=12인치 ──▶ 1야드=3피트=36인치
1다스=12개 ──▶ 1그로스=12다스

12진법의 발전은 12라고 하는 약수가 많은 수의 성질에서 비롯했습니다.
150mm가 사용하기 편리한 것은 12진법에 기초한다고 할 수 있습니다.

그런 까닭에,
주택의 크기를 검토할 때는 150mm(5촌)를 하나의 단위로 생각하면 편리합니다.

그리드와 모듈
– 퍼즐의 규칙은 간단할수록 좋다

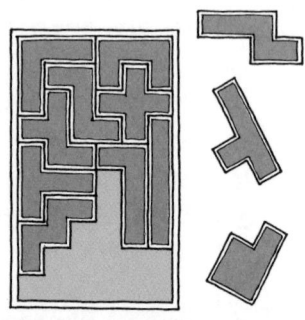

공간을 어떻게 배치할 것인가를 고민하고 있으면 자신도 모르게 "이거야 원! 완전히 퍼즐 맞추기군." 하고 중얼거리는 순간이 있습니다. 생활에 필요한 설비와 공간을 한정된 범위 안에 많거나 부족하지 않게 배치하는 작업은 직소 퍼즐 맞추기와 비슷합니다. 잘 계산하지 않으면 필요한 방이 못 들어가기도 하고 반대로 아무런 쓸모없는 죽은 공간이 생기기도 해서 결과적으로 무척 사용하기 불편한 배치가 되고 맙니다.

여러분도 경험했을 테지만 수많은 조각으로 이루어진 직소 퍼즐을 조각의 색깔과 모양만을 보고 맞추는 일은 꽤나 힘든 작업입니다. 그러나 위에 그림 같은 것이 그려져 있다면 퍼즐 맞추기는 훨씬 쉬워집니다. 사실 주택 설계에도 이런 퍼즐처럼 공간 배치를 레이아웃에 맞춰 해가는 방법이 있습니다. 그중 하나가 '그리드 플래닝'이라 부르는 방법입니다.

[공간 배치의 가이드라인]

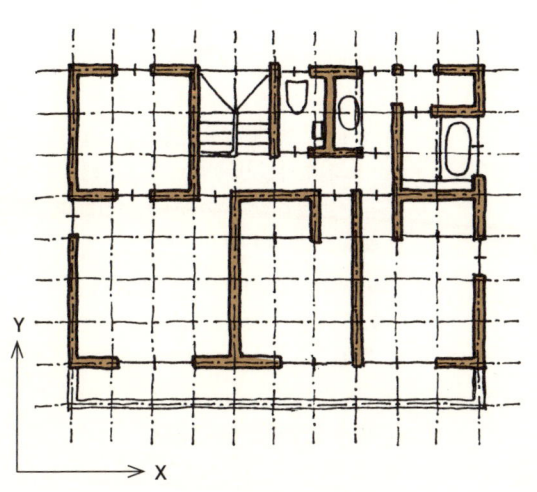

그리드 플래닝

그리드, 즉 격자 모양으로 그려진 기준선에 따라 공간 배치를 계획하는 방법을 '그리드 플래닝'이라고 합니다.

목조 주택에서는 같은 간격의 그리드 위에 기둥이나 벽을 놓는 방법을 많이 사용합니다. 그 배경에는 '평수' 같은 예전 넓이 감각에 잘 맞기 때문이기도 하지만 기둥 간격에 이상이 생기거나 건축재 사용량에 낭비가 생기는 것을 미연에 방지하기 위한 의미도 있습니다.

동일한 간격이 아니라도 괜찮은 더블 그리드

위의 평면도는 X·Y 양방향 모두 같은 간격의 그리드가 사용되었지만 그리드가 반드시 같은 간격이어야 할 필요는 없습니다. X방향과 Y방향의 간격이 다를 수도 있으며 같은 방향이라도 강약을 넣어줘도 괜찮습니다.

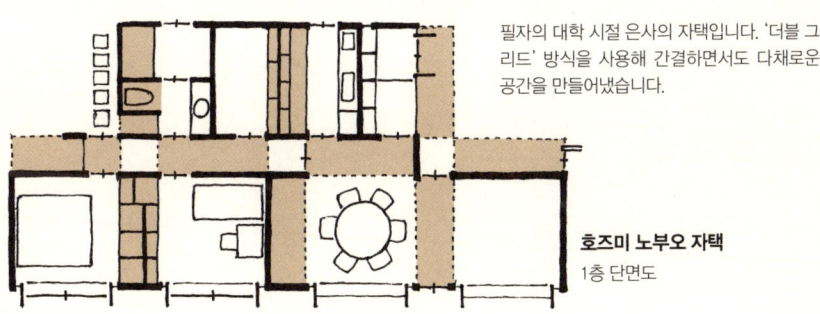

필자의 대학 시절 은사의 자택입니다. '더블 그리드' 방식을 사용해 간결하면서도 다채로운 공간을 만들어냈습니다.

호즈미 노부오 자택
1층 단면도

[그리드의 간격]

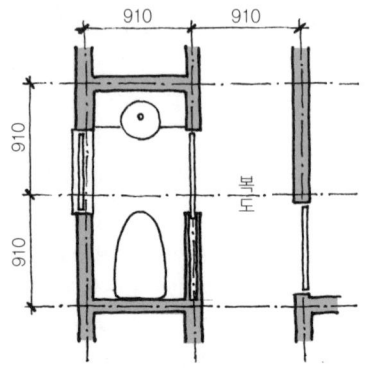

X·Y가 등간격인 경우

910mm가 대부분이지만……

그리드의 간격은 현행 목조 주택에서는 910mm(3척)가 압도적으로 많이 사용되고 있습니다. 그렇지만 그리드 플래닝이란 원래 설계 의도를 명확히 반영하는 합리적인 크기를 검토하는 일에 의미가 있습니다. 왼쪽 평면도는 어느 주택에서 화장실과 복도만 뽑은 것입니다. 위의 예는 X와 Y방향 모두 910mm 간격이지만 아래쪽 예는 X방향을 1,060mm(3척 5촌)로 했습니다. 이렇게 하면 화장실과 복도 폭에 여유가 생깁니다.

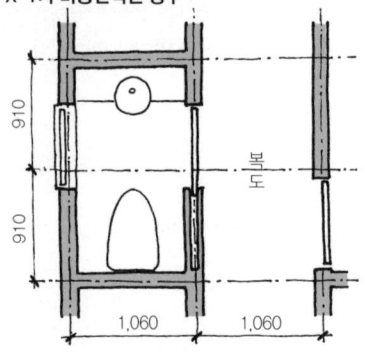

X·Y가 비등간격인 경우

그리드를 바꾸려면 부분적으로

'척과 평' 단락에서도 언급했지만 현재 그리드의 간격은 종래의 910mm에서 조금 더 큰 사이즈로 변하고 있습니다. 주택 업체에 따라서는 1m로 하는 곳도 있는 듯합니다. 난, 그리드(기준체계)를 완전히 바꾸기 위해서는 건축재의 생산 체제도 완전히 바꾸지 않으면 안 됩니다. 그러므로 현실적으로는 왼쪽 그림처럼 종래에 사용하던 910mm를 연장하는 선에서 부분적으로 대응하는 편이 좋다고 생각합니다.

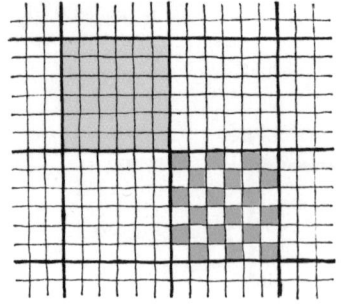

커다란 그리드 · 작은 메시(그물눈)

그리드에는 더욱 작은 메시가 포함되어 있습니다. 작은 메시는 건축재나 설비기기 등의 크기와 직결됩니다. 따라서 아무리 '임기응변식으로 대응'한다고 해도 건축재나 기기의 크기까지 쉽게 바꿀 수는 없습니다. 바꿔 말하면 움직이기 어려운 작은 크기의 정수배整數倍가 하나의 그리드로 성립한다는 뜻입니다.

[모듈을 둘러싼 시행착오]

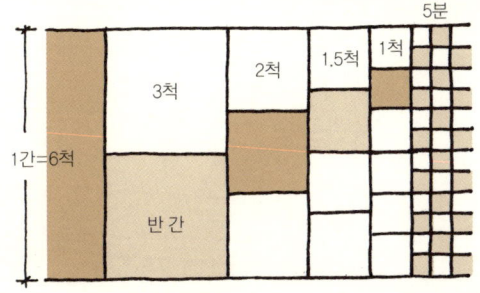

모듈화란?
큰 치수에서 작은 치수까지를 일정한 법칙으로 통일하는 일을 '모듈화한다'고 합니다. 건축계는 예전부터 '척관법'이 사용되어왔지만 척관법은 단순하고 다채로운 등분과 반복에 의해 멋진 모듈을 형성하게 됩니다.

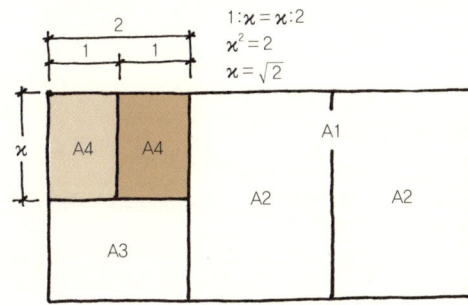

백은비율 Silver Ratio
일반적으로 사용하는 복사용지의 사이즈도 모듈화되어 있습니다. A판, B판 두 종류가 있으며, 양쪽 모두 가로와 세로의 비율이 $1:\sqrt{2} = 1:1.414$로 되어 있어 절반으로 자를 때마다 사이즈 번호가 높아집니다. 이 비율을 '백은비율'이라고 합니다.

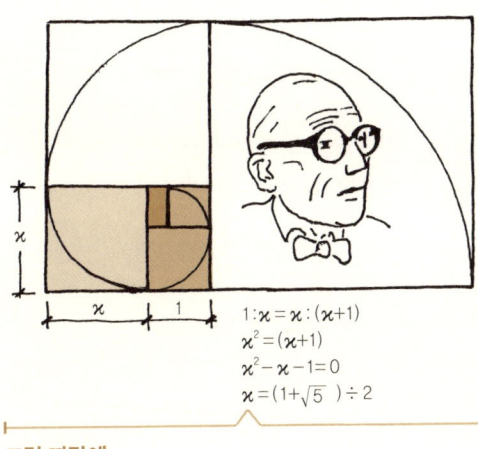

황금비율 Golden Ratio
명함 사이즈는 복사용지보다 조금 더 옆으로 길쭉한 형태입니다. 이것이 흔히 말하는 황금비율입니다. 미술이나 건축에서 많이 알려진 비율이지만 가로 및 세로의 비율이 $1:(1+\sqrt{5})\div 2 = 1:1.618$입니다. 긴 변에 정사각형을 넣어도 그 모양이 유지됩니다. 르 코르뷔지에는 황금비로 이루어진 모듈을 '모듈로르 Modulor'라고 하자고 제창했지만 이는 그다지 보급되지 않았습니다.

*

백은비율도 황금비율도 가로와 세로의 비율에 특징이 있기 때문에 주택 설계처럼 가로와 세로를 따로따로 나누거나 반복하는 경우에는 그 특성이 사라지고 맙니다. 즉 그리드를 상정하기 어렵습니다.

그런 까닭에,
그리드 플래닝을 실행하기 위해서는 적절한 모듈이 필요합니다.

기준선과 벽의 두께
– 벽이 두껍지 않은 집은 서지 못한다

주택에만 한정된 이야기는 아니지만 모든 건물에는 벽이 존재합니다. 그리고 벽 속에는 반드시 기준선이 지나고 있습니다. 물론 벽을 부순다고 해서 기준선이 보이지는 않습니다. 설계상, 시공상 모든 곳에 존재하는 편의상의 선, 그것이 기준선이기 때문입니다.

기준선은 건물의 배치 및 공간의 배치 등을 결정하거나 크기와 면적을 계산할 때 사용하기 때문에 실제로 기준선이 없으면 작업을 할 수가 없습니다. 도면을 작성할 때도 현장에서 공사를 시작할 때도 가장 먼저 시작하는 일이 기준선을 긋는 일입니다. 그 선을 기준으로 기둥이 서고 벽이 생기며 개구부가 만들어지는 것입니다.

단, 기준선 때문에 설계가 잘 되지 않는 경우도 있습니다. 기준선의 장점과 단점은 확실히 알아둡시다.

[기준선이란]

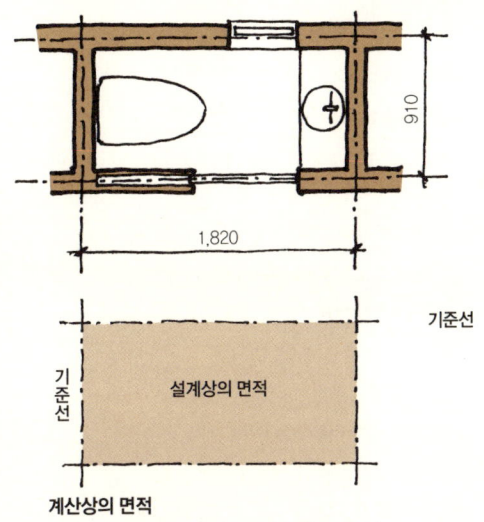

왼쪽 그림에서 화장실을 둘러싸고 있는 기둥과 벽의 중심선이 기준선입니다. 기준선을 중심으로 이해하면 벽이나 개구부의 위치 관계를 이해하기 쉽습니다.

계산상의 면적
설계상으로 치수와 면적을 계산할 때는 기준선을 기준으로 하지만, 실제 길이와 방의 넓이는 당연히 벽의 두께만큼 줄어듭니다.

실제 면적
줄어든 치수와 넓이는 '유효치수' '안목치수' '유효면적' 또는 '실제 면적' 등으로 불립니다.

두꺼운 벽은 의외로 잊기 쉬운 존재

두꺼운 벽으로 인한 치수와 면적의 차이는 실제로 꽤 큼에도 불구하고 노트나 스케치북으로 공간 배치를 생각하는 동안에는 잊어버리기가 쉽습니다.

전문가는 굵은 선으로
설계 전문가가 그리는 프리핸드 스케치(제도용구를 사용하지 않고 숙련에 의한 자유로운 손놀림으로 한 번에 그리는 것)를 보면 대부분 초기 단계부터 벽의 선을 굵게 강조합니다.

이것은 외곽선을 대략적으로 인식한다는 이유도 물론 있지만, 항상 두꺼운 벽을 고려해야 한다는 의식이 있기 때문이기도 합니다.

[그리드 플래닝의 함정]

그럼 두꺼운 벽의 존재가 유효치수와 유효면적에 얼마나 영향을 주는지 쉽게 이해하기 위해 다다미를 까는 일본의 경우를 예로 들어 계산해보겠습니다.

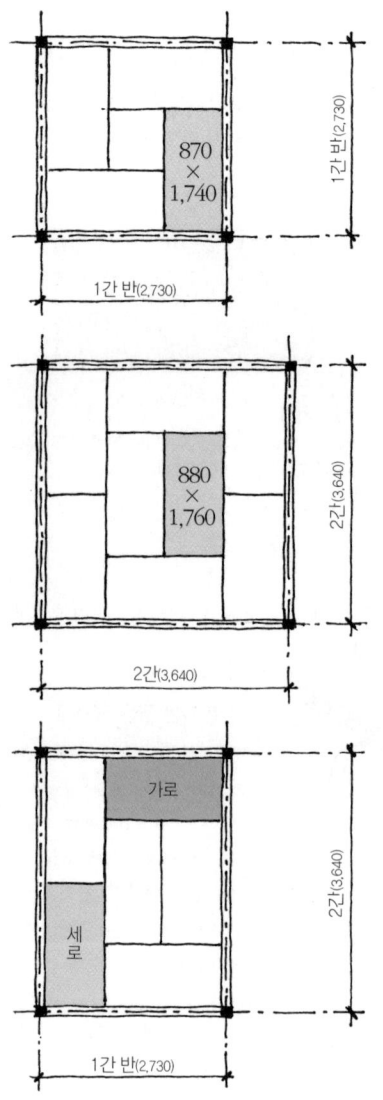

4장 반인 경우

910mm 그리드에서 기둥이 120mm일 때 4장 반짜리 방의 다다미 한 장의 크기는?
짧은 쪽의 변 (2,730-120)÷3=870mm
긴 쪽의 변 (2,730-120)-870=1,740mm
870×1,740mm

8장인 경우

8장짜리 방이라면 다다미 1장의 크기는?
(위와 같은 조건)
짧은 쪽의 변 (3,640-120)÷4=880mm
긴 쪽의 변 (3,640-120)÷2=1,760mm
880×1,760mm

위와 같이 다다미 4장 반짜리와 8장짜리 방을 비교하면 다다미의 크기가 달라집니다.

6장짜리는 조금 복잡함

6장짜리를 계산하면 문제가 더 복잡해집니다. 왼쪽 그림에 있는 옆으로 누워 있는 다다미와 세로로 서 있는 다다미의 사이즈를 계산해보십시오.
가로로 누운 다다미 880×1,740mm
세로로 누운 다다미 870×1,760mm
같은 방임에도 방향에 따라 다다미 사이즈가 달라집니다.

이처럼 그리드 플래닝은 벽의 두께가 빈번하게 영향을 줍니다.

[나눗셈을 할 것인가 덧셈을 할 것인가]

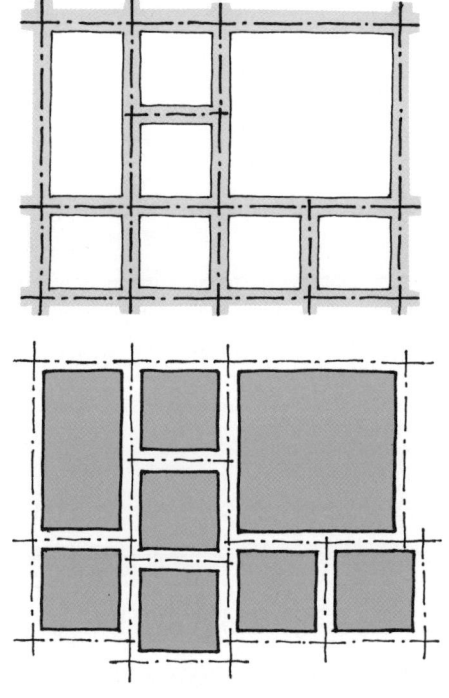

그리드 플래닝은 나눗셈
그리드 플래닝에 의한 설계는 우선 기준선을 결정하고 거기서부터 나눗셈을 하듯 공간을 배치해 갑니다. 그 때문에 방의 실질적인 넓이는 2차원적으로 정해지는 것을 각오하지 않으면 안 됩니다.

덧셈도 어려움
반대로 방의 넓이를 우선해서 공간을 배치할 때 덧셈을 하는 것처럼 결정하면 이번에는 기준선이 그리드를 형성하지 않습니다. 특히 다실 같은 곳은 처음부터 다다미 사이즈가 결정되어 있으므로 기둥의 위치를 정하는 일이 어려워집니다. 이런 경우를 '다다미 나누기'라고 합니다.
(다다미 사이즈=3척 1촌 5분[955mm]×6척 3촌[1,910mm])

임기응변
그렇다면 양쪽 모두를 사용해봅시다! 두꺼운 벽이 가지고 오는 '피해'는 넓은 공간일수록 작고 좁은 공간일수록 상대적으로 큽니다. 얼마 안 되는 치수의 차이로 냉장고나 피아노를 놓을 수 없게 될 때도 있습니다. 그런 까닭에 베테랑 설계자는 ① 우선 그리드를 설정해두고 ② 상황이 나빠지면 부분적으로 벽을 조금 옮기는 방법을 사용합니다. 플래닝을 할 때 하나의 규칙에 얽매일 필요는 없습니다.

그런 까닭에,
벽의 두께를 고려하지 않으면 그리드 플래닝에서는 자칫 함정에 빠지는 일이 일어납니다.

주택의 단면
– 빵이 없는 햄버거는 맛이 없다

"단면을 그려보라"고 말하면 학생들은 모두 당황하는 표정을 띕니다. 여기서의 단면이란 천장 안쪽, 복도 등까지 포함한 건물의 높이 관계 전부를 말합니다. 그렇습니다. 사실 단면을 그리는 작업은 쉬운 일이 아닙니다.

갑작스럽긴 하지만 단면을 햄버서에 비유해보겠습니다. 햄버거를 구성하는 내용물 중 소고기나 양상추 같은 부분은 '실내 공간'이고 그것들을 싸는 빵은 '천장 안쪽이나 복도'가 됩니다. 말할 것도 없이 이 두 식재료의 균형이 잘 맞지 않으면 맛있는 햄버거가 되지 못합니다. 주택도 마찬가지입니다. 천장 안쪽과 복도, 그리고 실내 공간이 제대로 균형을 이루지 못하면 '맛있는' 주택이 될 수 없습니다. 그럼에도 불구하고 천장 안쪽과 복도는 종종 '데드 스페이스'라는 불명예스러운 별명으로 불리기도 합니다.

[단면과 전개, 그리고 데드 스페이스]

아래 그림은 일반적인 2층짜리 주택의 단면입니다. 이때 천장과 복도를 포함한 높이 관계 전체를 나타낸 것을 단면도라 하고 실내 공간을 나타낸 것을 전개도라고 합니다.

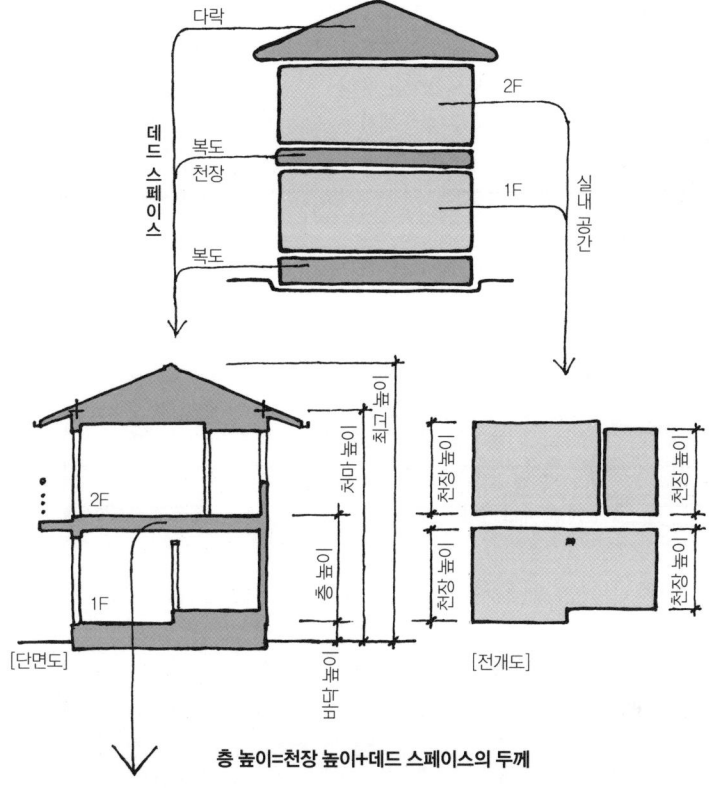

층 높이=천장 높이+데드 스페이스의 두께

목조 건물의 재래식 축조공법 · 천장 데드 스페이스 내부의 모습

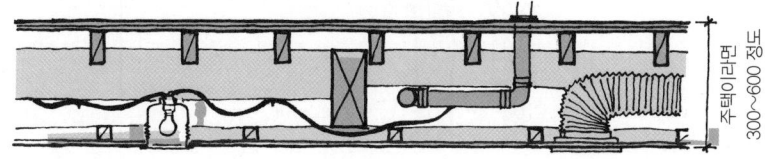

데드 스페이스에는 구조재뿐만 아니라 배관이며 전기 배선 등이 숨겨져 있습니다. 이곳을 '데드 스페이스'라고 부르는 경우도 있지만, 이렇게 중요한 곳에 '데드'라니요. 불쌍할 지경입니다.

[단면은 덧셈이 아닌 나눗셈으로]

이것도 저것도 필요해!

실제로 설계를 할 때 실내 공간도 필요하고 데드 스페이스도 필요하므로 자기 마음대로 높이를 올리다 보면 각종 높이 제한을 넘기거나 계단의 경사가 높아지고 맙니다.

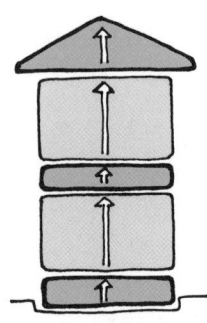
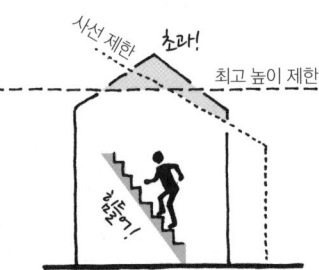

어쩔 수 없이 위에서 누르게 되지만 그래도 실내 공간을 생각하다보면 천장을 높이고 싶어집니다. 그렇게 되면 피해는 모조리 얌전한 데드 스페이스에게 돌아갑니다.

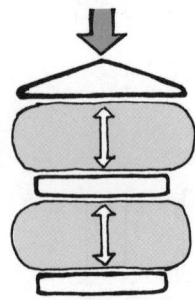
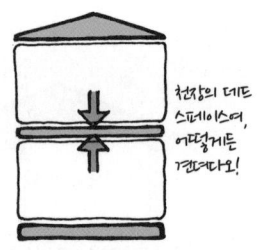

천장의 높이 규정

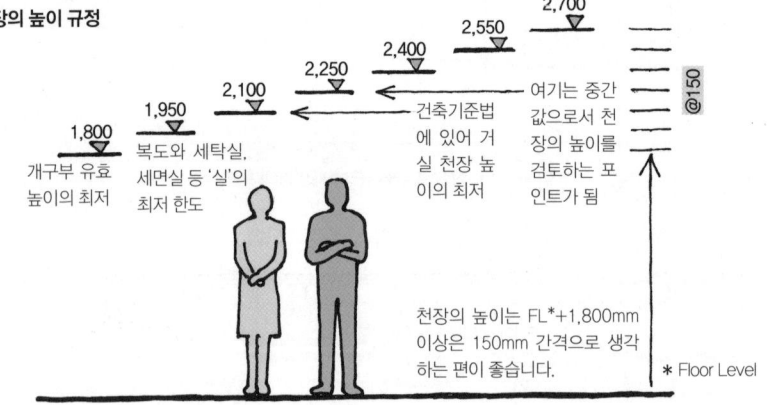

천장의 높이는 FL*+1,800mm 이상은 150mm 간격으로 생각하는 편이 좋습니다.

* Floor Level

천장이 높을수록 좋다고 생각하는 사람이 많지만 오히려 천장의 높이는 쓸데없이 높지 않은 것이 좋습니다.

[층 높이를 제한하는 방법에 따라 설계자의 역량이 보인다]

필자가 한 설계(주말 주택)

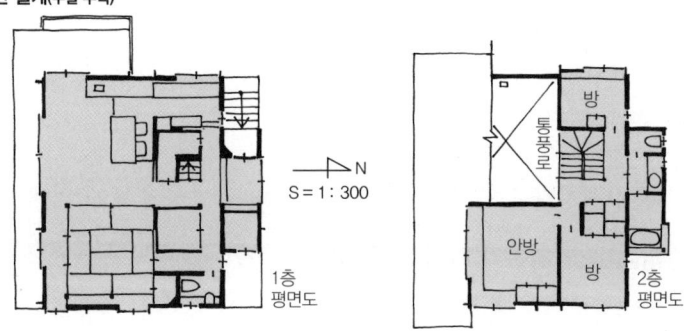

'보이지 않는 곳까지 보기'. 이것이 설계라는 것입니다. 층의 높이를 낭비가 없도록 잘 조정하려는 노력은 바로 그런 작업의 최고 단계일 것입니다.
단면의 검토는 법률적인 높이 제한을 해결하는 일뿐 아니라 공간성과 비용에도 영향을 줍니다. 그러므로 구조, 설비, 인테리어 등 모든 분야의 지식을 총동원하여 어떻게든 단면을 정리해야 합니다. 그것이 설계의 '참맛'입니다.

참고로 필자가 지금까지 설계한 주택 가운데 가장 낮은 층 높이는 2,506mm였습니다.

또 이 주택의 설계 스태프였던 K군은 1/50짜리 단면도를 8면, 1/20짜리 규준도를 4면이나 그리며 단면을 검토했습니다.

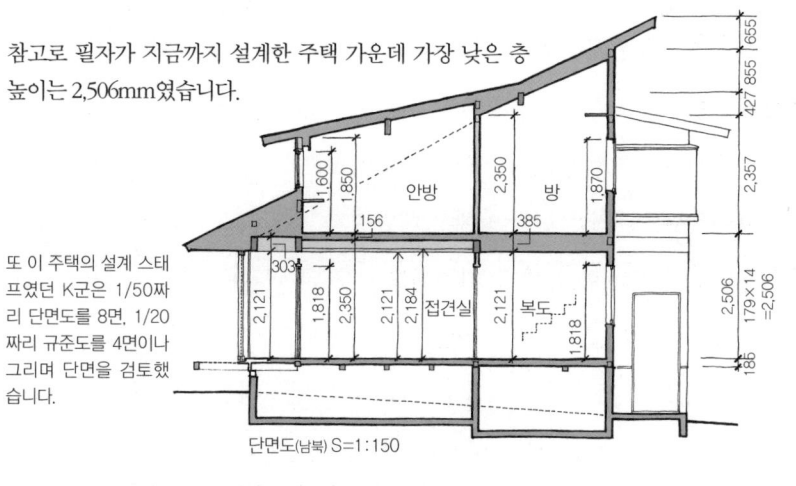

그런 까닭에,
단면을 설계할 때는 모든 지식을 집결시켜 낭비가 없도록 노력해야 합니다.

COLUMN 6———

무목적이라는 목적도 있다

내가 태어나 자란 곳은 요코하마로, 철로 변에 조성된 택지 위에 지은 조그만 집이었다. 주택지라고 해도 어렸을 때는 가스도 수도도 없었으며 9.5평짜리 안채와 1평짜리 욕실 사이에 달아놓은 지붕 밑으로 우물과 화덕이 놓여 있을 뿐이었다. 단, 설거지를 하는 곳은 안채에 있었기 때문에 식사는 그곳에 있는 테이블에서 했다. 그 당시에도 그렇게 밥을 먹는 것이 괜히 멋있는 것 같기도 하고 아닌 것 같기도 해서 묘한 기분이 들었던 기억이 난다. 지금 생각하면 좀 엉성한 다이닝 키친이었다고 하는 게 맞을 것이다. 그도 그럴 것이 그 집의 설계는 당시 서민 주택의 새로운 형태를 모색하던 여성 건축가가 실험적으로 했던 것이었다.

그때가 1951년으로 이 해는 공영 주택의 표준 설계가 제시된 해이기도 하다. 얼마 안 있어 내가 살던 거리에도 대단지가 들어섰고 초등학교 동급생 중 많은 수가 같은 단지에 살았다. 친구들도 모두 테이블에서 밥을 먹었다. 당시 그들은 그 방이 '다이닝 키친'이라는 사실을 몰랐겠지만 그 테이블과 의자의 등장을 계기로 그 후 주택의 공간 배치는 어떤 정형성을 갖추게 된다. '다이닝 키친'처럼 각 방에 붙여진 이름은 그 과정에서 결정적인 역할을 했다.

방 이름을 정하는 것은 무척이나 까다로운 작업이다. 방에 목적을 부여하는 것이기 때문이다. 모던 리빙이란 결국 '의식적으로 사는 일'인 셈이다. 그

러므로 의식에 이르지 못하는 존재는 일단 버려진다. 이 책도 역시 '의식에 이르는 존재'의 연장선상에서 쓰여진 것이기 때문에 모던 리빙이 잊어버린 존재는 그대로 빠져 있다.

건축의 모든 장르 가운데 유일하게 주택만이 그 목적의 한정을 보류해오고 있다. 아니 한정하는 일이 불가능하다고 말하는 편이 옳을지도 모르겠다. 그렇다고 불가능한 이유가 '다목적'이기 때문이라고 단정하는 일은 문제해결을 거스르는 것밖에 되지 않는다. 실제로 '다목적실'이라 부르는 공간의 대부분은 창고인 것이 현실이다. 항상 목적을 가지고 존재하기조차 힘든 판에 다목적이어야 하다니, 창고방처럼 방 전체를 잠가버리고 싶은 충동을 느끼는 것도 무리가 아닌 것 같다. 방의 이름은 한정되고 단정되고 지시되고 강요된다. 적어도 암시되는 것만은 분명하니…… 참기 힘들다.

아예 '주택은 목적이 없는 곳'이라고 하면 어떨까?

생각해보면 주택 안에 있는 동안 우리는 어떤 목적을 가지고 있는 시간보다 무의미하게 시간을 보내는 경우가 훨씬 길다. 그 사실을 솔직히 인정하는 것이 어떨까? 어쩌면 무목적과 목적의 공존이 '주택의 매력'을 가져다줄지도 모른다. 원래부터 무색투명하고 특이한 맛이 없기 때문에 그것이 가능한 것이다. 아마 무목적은 주택의 낮은 곳을 조용히 흘렀을 것이다. 그러나 그렇게 흐르는 소리는 테이블과 의자라고 하는 멜로디가 기세를 올린 이후로는 잘 들리지 않게 되었다. 주택에 반드시 목적을 요구할 필요는 없다. 무목적성만 있으면 말이다.

건축의 모든 장르 가운데 유일하게 주택만이 '아무것도 하지 않는 일'이 가능하다.

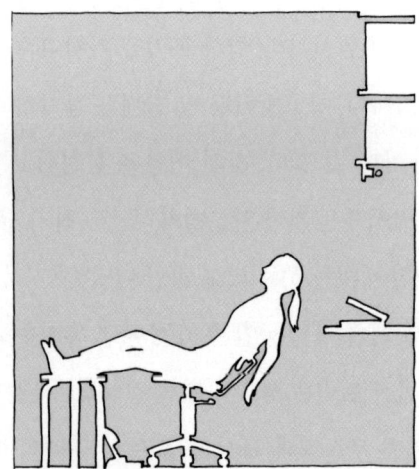
.... but what I like doing best is Nothing.

맺·음·말

어린 시절 우리 집에 TV가 놓였던 날이며 전화가 들어온 날은 선명하게 기억이 납니다. TV는 흑백이었고 전화기는 자석식이었습니다. 전화벨이 울리면 수화기를 들고 "여보세요. ○○네 집입니다." "계십니다, 잠깐만 기다려주세요." "다시 한 번 이름을 말씀해주세요." 어느 집에서나 이런 식으로 전화를 받았습니다. 그런 까닭에 전화를 받는 방법은 어린아이도 알았고요.

집에 걸려온 전화는 가끔 젊은 딸을 찾는 낯선 음성의 청년의 것이기도 했습니다. 전화를 받은 딸의 대화는 묘하게 어색했습니다. 그도 그럴 것이 방 한쪽에서 무심한 표정의 어머니 역시 귀는 수화기를 향해 기울이고 있었으니까요.

그 뒤로 각 가정의 전화는 선이 없어지는가 하면 지금은 한 사람이 한 대씩 전화기를 휴대하는 세상이 되었습니다. 그것과 궤를 같이 하듯이 개인이 소유하는 정보량은 증가한 반면, 공동체 속에서 직접 교환되는 정보량은 줄어든 것 같습니다. 어쩌면 '정보량 보존의 법칙' 같은 것이 있는지도 모르겠습니다. 문명의 진화와 프라이버시의 강화도 세트로 진행되는 것이 느껴집니다. 하긴 생각해보면 당연한 일인지도 모르겠습니다. '편리'라는 것은 대부분 '사람의 손을 빌리지 않고' 혹은 '타인과 섞이지 않고' 무엇인가를 할 수 있을 때 사용되는 것이니까요.

건축 설계를 하면서 대학에서 20년 이상 주택 설계를 가르쳤습니다.

자주 하는 말이지만 20년 전의 학생들과 지금 학생들의 모습은 많이 다릅니다. '요즘 학생들은 공부를 안 한다' 같은 불평을 하려는 것이 아닙니다. 예전에 비하면 요즘 학생들은 주변 생활과 주거에 대해서 너무나 모릅니다. '모른다'고 하기보다 '보지 않는다'고 하는 편이 정확할지도 모르겠습니다.

건축 설계를 가르치는 교육 기관이면 어디나 최초의 설계 과제는 대부분 '주택'과 관련된 것을 냅니다. 주택이 건축의 기본이어서가 아니라 학생들의 입장에서 볼 때 가장 가까운 곳에 있는 건물이기 때문입니다. 그러나 그렇게 '가까운 곳에 있는'이라는 전제가 요즘 들어 점점 그 의미를 상실해가고 있습니다. 넘쳐나는 정보와 편리한 기기들, 편리한 쇼핑몰 덕분에 주변 광경에 눈을 돌리지 않고도 일상생활을 할 수 있는 라이프 스타일이 그들과 주택의 관계를 바꾸고 만 것인지도 모르겠습니다.

그렇다고 해도 지금 상황을 한탄만 해서는 진보가 없습니다. 그렇다면 '주택이란' '주택의 경우는'이라고 하는 '당연하고도' '평범한' 사실을 다시 한 번 되돌아보도록 교본을 만들고 나눠주면 되지 않을까? 저는 그런 생각을 했습니다.

마침 그 무렵 한 지인으로부터 "요즘은 학생들뿐만 아니라 실무를 담당하는 젊은이들도 주택 설계의 기본을 모른다"는 이야기를 들었습니다. 그렇다면 이 교본의 목적을 조금 더 확장시켜 주택을 해설하는 도감처럼 만들면 좋겠다고 의견을 모았습니다. 그리고 1년 반의 작업을 거쳐 마침내 출판까지 이어질 수 있었습니다.

  이 책을 만들면서 제가 가르쳐온 학생들로부터도 힌트를 얻었습니다. 가르치는 쪽과 배우는 쪽은 '알이 먼저인가 닭이 먼저인가' 하는 관계 같습니다. 이미 졸업해 사회인이 된 그들에게 은혜를 갚을 수는 없는 노릇이므로, 더 젊은 분들에게 이 책을 통해 은혜를 갚고 싶습니다.

주거해부도감

1판 1쇄 발행 2012년 12월 5일
1판 17쇄 발행 2021년 4월 30일

지은이 마스다 스스무
옮긴이 김준균

발행인 김기중
주간 신선영
편집 민성원, 정은미, 정진숙
마케팅 김신정, 최종일
경영지원 홍운선

펴낸곳 도서출판 더숲
주소 서울시 마포구 동교로 43-1 (04018)
전화 02-3141-8301
팩스 02-3141-8303
이메일 info@theforestbook.co.kr
페이스북·인스타그램 @theforestbook
출판신고 2009년 3월 30일 제2009-000062호

ISBN 978-89-94418-48-3 (13590)

※ 이 책은 도서출판 더숲이 저작권자와의 계약에 따라 발행한 것이므로
  본사의 서면 허락 없이는 어떠한 형태나 수단으로도 이 책의 내용을 이용하지 못합니다.
※ 잘못된 책은 구입하신 곳에서 바꾸어 드립니다.
※ 책값은 뒤표지에 있습니다.
※ 독자 여러분의 원고투고를 기다리고 있습니다. 출판하고 싶은 원고가 있는 분은
  info@theforestbook.co.kr로 기획 의도와 간단한 개요를 연락처와 함께 보내주시기 바랍니다.

• 사람과 지식이 어우러진 숲에서 오늘과 내일의 길을 찾는다 •

화학에서 인생을 배우다

황영애 지음 | 256쪽 | 값 14,000원

2010 교육과학기술부 인증 우수과학도서, 2011 서울과학고 추천도서, 2011 책따세 여름방학 추천도서, 도서추천위원회 추천도서

평생을 화학과 함께 해온 한 학자가 화학 속에서 깨달은 인생의 지혜. 중성자, 플라즈마, 촉매, 엔트로피… 19가지 화학적 개념을 통해 학문의 즐거움을 깨닫게 하고 사유의 지평을 열어줄 교양과학서

화학에서 영성을 만나다

- 평생 화학을 가르쳐 온 한 교수가 화학 속에서 만난 과학과 영성에 관한 이야기

황영애 지음 | 전원 감수 | 270쪽 | 값 14,000원

2014 고도원의 아침편지 추천도서

홀로 존재해도 완전한 비활성기체, 정제염과 천일염의 삶, 평등한 관계인 공유결합, 톤즈의 이태석 신부와 플라즈마의 산화정신… 과학을 통해 영성을 이해하고, 종교를 통해 과학을 배운다

종이책 읽기를 권함

김무곤 지음 | 256쪽 | 값 12,000원

2011 대한출판문화협회 선정 올해의 청소년 도서
2012 포항시 올해의 원북(One Book) 선정

우리 시대 한 간서치가 들려주는 책을 읽는 이유. 책이 사라져가는 시대, 책의 가치를 잃어가는 시대에 우리는 왜 종이책을 읽어야 하는가.

무엇이 과연 진정한 지식인가

- 인터넷과 SNS의 시대, 우리가 알아야 할 지식과 교양

요아힘 모르·노베르트 F. 푀쉴·요하네스 잘츠베델 외 지음 | 박미화 옮김 | 224쪽 | 값 13,500원

2012 문화체육관광부 우수교양도서
교보문고 북모닝 CEO 추천도서, 전 독일 베스트셀러

"당신이 아침에 읽은 트위터 한 줄은 진정한 지식이 아니다!" 여과되고, 연계되고, 이용되고, 발전되어야 비로소 지식이 될 수 있다. 《슈피겔》지 16인의 전문가들이 제시하는 21세기 지식의 나침반.

십대, 별과 우주를 사색해야 하는 이유

이광식 지음 | 336쪽 | 값 16,000원

2013 행복한아침독서신문 추천도서, 2013 책따세 겨울방학 추천도서
2013 국립어린이청소년도서관 청소년인문학 선정도서

우주를 읽으면 인생이 달라진다! 우주는 어떻게 생겨났나? 나는 우주 속에서 어디에 있는가? 우주 속에서 나는 무엇인가?
인생의 가치와 좌표를 찾는 청소년기에 꼭 한 번은 읽어야 할 천문학의 모든 것

천문학 콘서트

전자책으로 구입가능

- 우리가 살면서 한 번은 꼭 읽어야 할 천문학 이야기

이광식 지음 | 336쪽 | 값 16,900원

2011 교육과학기술부 인증 우수과학도서, 2011 문화체육관광부 우수교양도서, 과학독서아카데미 주제도서

고대천문학에서 코페르니쿠스, 뉴턴, 아인슈타인까지, 물질과 빛, 별과 은하에서 팽창우주, 빅뱅우주론에 이르기까지 쉽고 재미있게 풀어쓴 한 권으로 읽는 교양천문학.

수학을 잘하기 위해 먼저 읽어야 할 수학의 역사

지즈강 지음 | 권수철 옮김 | 계영희 감수 | 284쪽 | 값 14,900원

수학의 역사를 따라가다 보면 어느새 수학이 쉬워진다!
통합형 공부를 준비하기 위한 현명한 선택!
300여 장이 넘는 풍부한 사진과 도표!
상하이자이퉁대학과 중국의 지성 장샤오위안이 직접 기획편집한 똑똑한 수학책

과학공부를 잘하기 위해 먼저 읽어야 할 생물학의 역사

쑨이린 지음 | 송은진 옮김 | 이은희 감수 | 286쪽 | 값 14,900원

통합형 과학공부를 위해 선택해야 할 최적의 과학교재
방대하고도 흥미진진하게 펼쳐지는 거의 모든 생물학의 역사! 교실에서 미처 이해 못한 모든 생물학을 풍성한 과학적 지식과 재미있는 이야기들을 통해 배운다!

당신에게는 사막이 필요하다

아킬 모저 지음 | 배인섭 옮김 | 430쪽 | 값 14,000원

2013 대한출판문화협회 선정 올해의 청소년 도서
전세계 25개 사막을 홀로 건넌, 아킬 모저가 들려준 인생의 지혜와 감동의 기록.
"사막을 홀로 건너본 사람만이 자신에게 도달하는 법을 찾을 수 있다"

반성 - 되돌아보고 나를 찾다

김용택, 박완서, 안도현 외 지음 | 256쪽 | 값 12,000원

교보문고 이달의 추천도서(2011년 1월),
전국서점 베스트셀러 석권
김용택, 박완서, 안도현 등 우리 시대 대표작가들이 전하는 진솔한 반성의 이야기를 통해 우리 모두가 잊고 살았던 삶의 소중한 가치를 깨닫는다.

꿀벌을 지키는 사람

한나 노드하우스 지음 | 최선영 옮김 | 360쪽 | 값 14,500원

"문학성이 짙은 훌륭한 르포, 사랑스런 작품이다!"
—프레시안, 최성각(작가, 풀꽃평화연구소장)
한 남자와 5억 마리의 꿀벌들이 어떻게 세상을 지키는가. 사라져가는 것을 지켜가는 한 사람의 삶과 노력의 산물에 대한 면밀한 관찰, 그리고 감동의 이야기. AP통신, 〈워싱턴 포스트〉지 등 해외 유수 언론들이 일제히 극찬한 매혹적인 작품.

앙코르 내 인생
- 인생의 두 번째 무대에 당당히 오른 45명의 2막 인생 이야기

조선일보 앙코르 내 인생팀 지음 | 292쪽 | 값 13,500원

조선일보에 연재되어 중장년층으로부터 뜨거운 갈채와 응원을 받았던 화제작
은퇴 후 나는 무엇을 하고 살 것인가? 밥벌이의 무대에서 가슴 뛰는 삶의 무대로. 인생 2막을 준비하는 사람들에게 바치는 삶의 응원가.

그 많던 쌀과 옥수수는 모두 어디로 갔는가

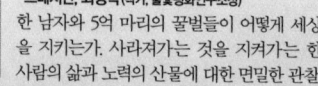

월든 벨로 지음 | 김기근 옮김 | 288쪽 | 값 14,900원

식량전쟁을 둘러싸고 벌어지는 세계화와 신자유주의 의 본질
세계적 석학이자 탈세계화 운동의 지도자 월든 벨로의 최신작. 최초로 옥수수를 지배했던 멕시코, 쌀 자급국가였던 필리핀이 수입쌀과 수입옥수수에 의존하게 된 까닭은? 전세계 식량부족 사태의 이면을 파헤친 수작!

러닝
- 20대 이후의 삶을 성장시키는 진짜 공부의 기술

김현정 지음 | 160쪽 | 값 12,900원

러닝 퍼실리테이터 김현정 교수의 변화와 성장을 위한 긴급제안!
"나는 공부를 해도 왜 미래가 안 보일까?"
세계 유수대학에서 검증된 탄탄한 이론과 기업과 교육현장에서 찾은 풍부한 사례로 완성한 현실적 솔루션

신뢰가 답이다
- 당신을 둘러싼 모든 문제를 풀어줄 관계의 기술

켄 블랜차드 외 지음 | 정경호 옮김 | 160쪽 | 값 12,900원

『칭찬은 고래도 춤추게 한다』의 세계적 베스트셀러 작가 켄 블랜차드의 신작!
칭찬 이후 10년 만에 강력하게 제시하는, 두 번째 시대적 화두 '신뢰'.
한 편의 우화를 통해 배우는 신뢰받는 사람의 4가지 행동공식

세계 최고 아빠의 특별한 고백
- 기발하고 포복절도할 사진 속에 담아낸 어느 딸바보의 유쾌한 육아기

데이브 잉글도 지음 | 정용숙 옮김 | 192쪽 | 값 13,500원

국경을 초월한 폭풍 공감 댓글과 응원!
전세계 인터넷을 뜨겁게 달군 데이브 잉글도의 재기발랄 자녀사랑법
서툴지만 사랑스런 초보아빠의 고군분투!
정신없이 웃다보면, 어느새 당신의 아이와 부모가 보인다.